ZOUYOU

1

FASHION ILLUSTRATION & FASHION SKETCH

服裝畫與服裝效果圖

鄒 游 編著

北星圖書公司

序言

——————————————迄今已經二十餘年，中國的服裝業界努力奮發、自強不息，因而受到世人的矚目。然而我們同時也會發現，當我們在向服裝業發達國家逐漸靠近的同時，我們的中國的服裝文化、服裝產業和服裝教育從「無」到「有」的奇跡般發展迄今已經二十餘年，中國的服裝業界努力奮發、自強不息，因而受到世人的矚目。然而我們同時也會發現，當我們在向服裝業發達國家逐漸靠近的同時，我們的主動性、原創性和自主性卻是明顯不足的，幸好這種狀況已經逐漸改善當中。

2002年底，當鄒游請我為他撰寫的《數位服裝畫》作序時，我就很為他那種勇於探索的精神和敏銳的藝術觸覺所打動。那時，他結束了為期一年的國外深造，遊學的經歷使他對自己的服裝畫有了新的認識和理解，一種由衷的自信令他大膽借用電腦科技進行新的探索，《數位服裝畫》一書也由此誕生。無庸置疑的，鄒游是以自己的實際行動來證明：中國的服裝設計師一旦擁有了科技思維並掌握了科技手段的時候，同樣可以形成獨特的風格，並且可以不斷擴大愛好者。

接下來的日子，鄒游在服裝學院授課的同時不斷有新的創舉出現：在服裝週上舉辦首次個人作品發表會而被評為中國十大服裝設計師、獲得了全國服裝畫比賽的金獎、成功的參與了某部著名舞臺劇的服裝設計工作……在每次的工作挑戰之後，我知道，他的作品必定又是累積了厚厚的一堆。總之，在熟知鄒游的人當中，他的勤奮是有口皆碑的。

這本新書《服裝畫與服裝效果圖》收錄了鄒游近兩年的作品。與三年前出版的「鄒游話服裝畫」系列叢書相比之下，鄒游的服裝畫無論是從技巧上，還是從風格特色上都可以看出他正在努力嘗試和創新。姑且不論這種嘗試和創新是否成功，重要的是我們能夠從中看到他對這項事業的忘我探索和真情投入。他的動機是如此單純，卻也常常因此而帶來豐碩的成果，這一點是不容任何人否認的。

2005年下半年,鄒游考入中央美術學院攻讀博士學位，對自己的事業和自己的人生有了進一步的追求。衷心祝願他能夠在更高的學術領域中有所建樹！

劉元鳳

2006年5月

前　言

2003出版「鄒游話服裝畫」系列叢書之後，我對服裝畫及服裝效果圖重新加以審視，今天才有本書的誕生。在這段審視過程當中，我針對自己的設計以及教學方式不斷加以修正與探索，以期能夠達到盡善盡美。

在服裝畫的教學中，我們應該對某些教條的、機械的繪畫方式抱持批判態度，強調服裝畫盡可能避免單調的、固定式的繪畫「風格」（如果這也算風格），而必須展現出創造性的、有繪畫意境的、且格調應該是高雅的。如何藝術化呈現自己的服裝畫以及服裝效果圖，是我在創作上的主要考量重點。這是我對自己的要求，而本書所表現的也正是對這一思考的鋪陳與應用。

由於本書作品及相關繪畫方式的闡述都非常個人化，而藝術本身應該是多向性的，因此本書只能算是為讀者提供一種思考方式、一種繪畫風格。另外，書中同時提出一種挖掘自我風格的方法，希望能對讀者有所啟發與幫助。

鄒　游

2006年1月

目　錄

9

第1章

服裝畫 與

1 服裝效果圖

1 什麼是服裝畫？

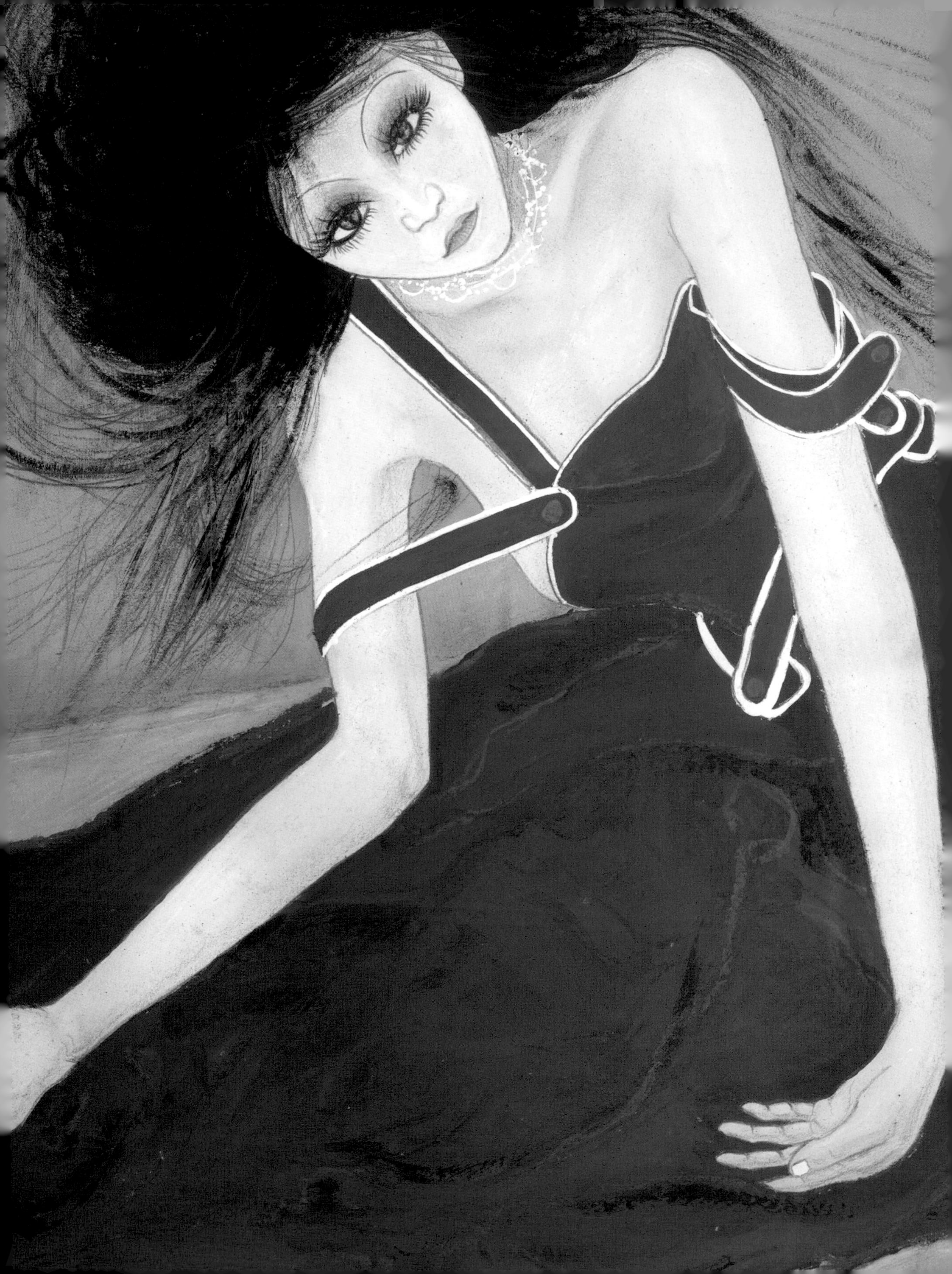

本作品是以服裝照片為基礎繪製而成的。在二度創作中所表現出的繪畫質感比較生動——紅色裙裝的層次感以及特有的筆觸肌理沉著而又鮮明；臉上的妝容及髮型顯得輕鬆而有節奏感……（作者：李玲潔）

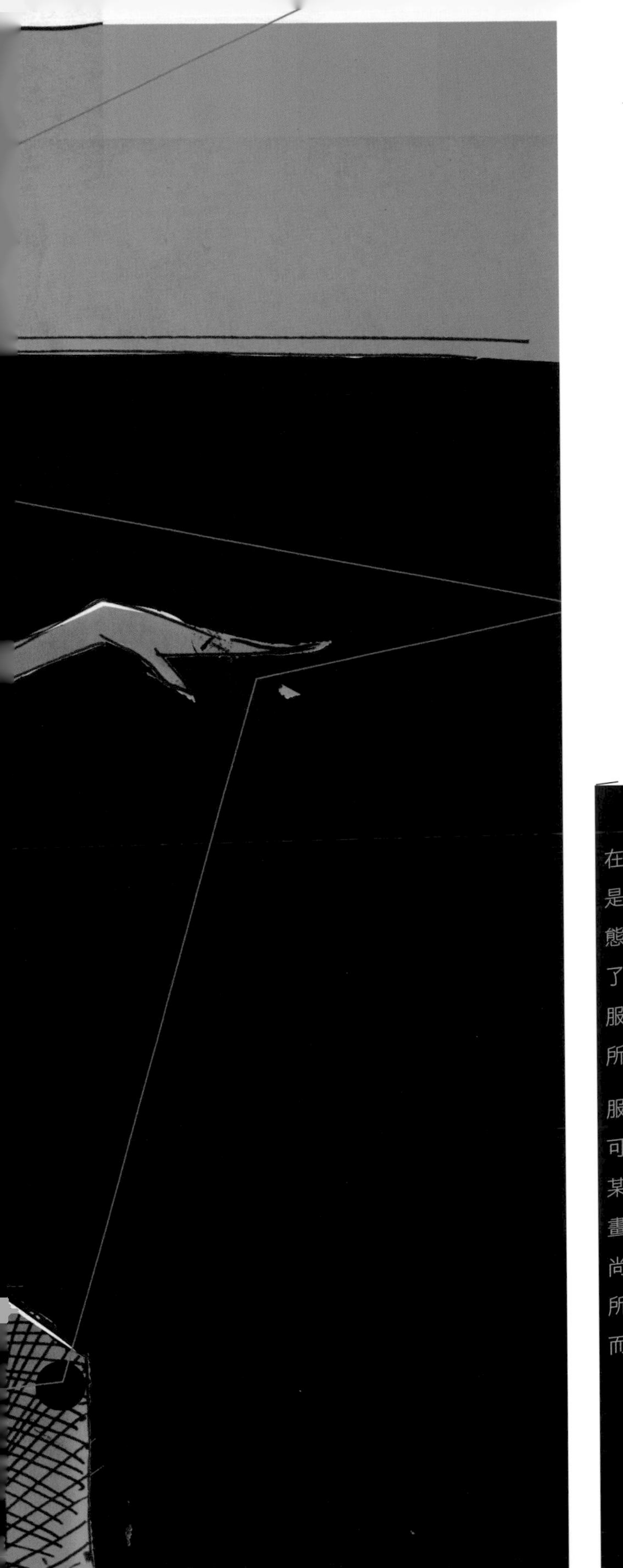

在本書中，服裝畫（Fashion Illustration）的定義應該是：以服裝作為表現對象，並且結合穿著者當時的心態、情緒以及生活方式，以繪畫的方式來加以表達。除了「人」和「服裝」是不可缺少的兩大構成主體以外，服裝畫還應當對畫面主體所處的時代背景和具體環境有所交代。

服裝畫有著很強的包容性，而且不受時空的限制，它既可以表現當下最新的流行款式，也可以對過去或者未來某個時刻的服裝樣式進行回憶和預測。由此可知，服裝畫的「時效性」並非狹意的表現在服裝的「時髦與時尚」上面，它更具備一種深遠和廣闊的意義，也就是它所表現的都必須是「這個時代」的人們所共同關心的、而且是與人們的現實生活有著密切關聯的內容和主題。

服裝效果圖（Fashion Sketch）是設計師在創作過程中對設計思路的迅速捕捉，也就是以快速描述性的繪畫方式，概略呈現出服裝設計的構思，主要將注意力放在服裝的結構上。再者，服裝效果圖多為線條勾畫，旁邊貼有布料小樣並配有文字說明。

3 服裝畫與服裝效果圖的關聯性

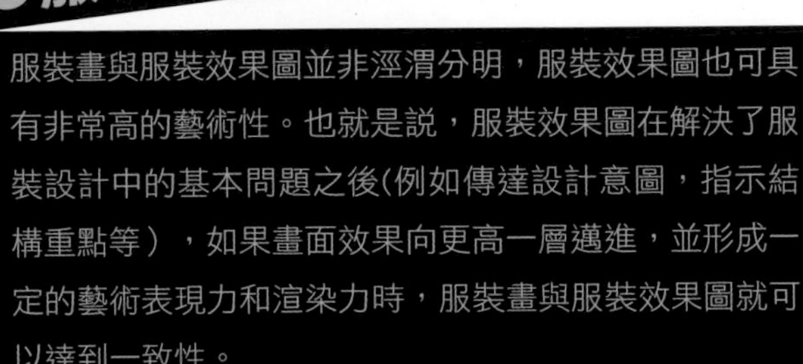

服裝畫與服裝效果圖並非涇渭分明，服裝效果圖也可具有非常高的藝術性。也就是說，服裝效果圖在解決了服裝設計中的基本問題之後(例如傳達設計意圖，指示結構重點等），如果畫面效果向更高一層邁進，並形成一定的藝術表現力和渲染力時，服裝畫與服裝效果圖就可以達到一致性。

服裝效果圖和服裝畫通常忠實的反映了創作者的審美鑒賞能力，設計師所具備的藝術高度必然在他的作品中表露無疑。如果設計師能夠長期用更高的藝術標準來自我要求，那麼在大量的服裝效果圖和服裝畫的創作中，必然可以不斷提升設計師本人的美學修養。

服裝畫和服裝效果圖都具有實用屬性和審美屬性，不同的是，兩者各呈現出不同的著重點。

服裝畫通常是利用特殊風格的畫面效果直接刺激人心使其產生欲望，或是間接的喚起人們情感上的共鳴。當傳播者與接受者在審美判斷上達成一致時，服裝畫帶給觀者的不僅僅是對畫面產生認同，更是經歷了一次精神上的審美愉悅。因此，服裝畫多以「審美屬性」的面貌出現在服裝產品的流通環節裡。因此，也可以說是服裝畫的「審美屬性」成就了它的「實用屬性」。服裝效果圖則是設計師為了便於和各個部門進行溝通和交流，將看不見、摸不著的設計思想進行視覺轉化後的產物，也正因為效果圖這種要求「簡練」突出「重點」的本質特徵，使它自成一種美學原則。由此可知，服裝效果圖的「實用屬性」成就了它的「審美屬性」，這一點與服裝畫的情況是完全相反的。

2

第2章 服裝畫的歷史

歷史上最早出現服裝畫的年代可以追溯到17世紀的維多利亞時期。初期的服裝插圖是一種表現城市中產階級趣味繪畫的副產品，無論畫面的形式感如何變化，其實際意義和價值卻僅僅停留在對於服裝款式的簡單記錄上面。產業化背景的缺失使它既表現不出真正的「時髦」，也缺乏藝術形式所應當具備的獨立精神，因此在相當長的一段時間當中得不到大眾的重視和尊重。

隨著時間的推移和社會的發展，真正的服裝工業誕生了，這使得20世紀最初30年的服裝插圖形式有了進一步的發展。隨著現代服裝工業的繁榮，這一新興藝術形式逐漸受到人們的重視，並逐漸成為一種先進的影像媒介，開始與其他的影像設計齊頭並進。

透過對20世紀服裝畫發展歷程的回顧與分析，我們不僅可以發現到，各個階段的服裝畫所呈現出的視覺語言其實是一致的（作品都被強烈的烙上了時代的印記），同時也能夠發掘出不同畫家彼此之間力求個人獨特藝術取向的創作原則。

1 裝飾風格階段 20世紀初至20世紀40年代

新藝術運動(Art Nouveau)是19世紀末、20世紀初（1890～1910）設計史上的一次非常重要並具有相當影響力的國際設計運動。

「新藝術運動」反對大工業化所帶來的粗陋感和維多利亞時期所遺留的矯揉造作的氣息，主張完全摒棄對歷史的依賴，從自然界（尤其是從植物、動物）中汲取造型靈感，以感性流動和蜿蜒交織的有機曲線與非對稱架構作為主要的裝飾風格。「新藝術運動」極為重視傳統手工藝，尤其推崇當時日本的浮士繪和裝飾風格，這些特徵讓「新藝術運動」被稱為具有「女性風格」。

在這段時期，富裕階層和演藝界的女性常常成為畫家們靈感的泉源，他們在各類海報、書籍雜誌以及插圖中以各自不同的風格描繪她們的儀容與衣著。這些印刷品承載著畫家對於時代女性的贊美和對於時代變遷的感悟而廣為流傳，無形中成為當時婦女追隨時尚的重要參考資料。

奧伯利··比亞茲萊（Aubery Beardsley，1872～1898）是「新藝術運動」時期最重要的藝術家和插圖畫家之一。在簡潔明朗的黑白色塊以及流暢嫻熟的裝飾線條當中常常反映出畫家對於「性」方面的描寫，因此他的插圖也屢次引發爭議。

比亞茲萊對於人物服飾的描繪是具體而寫實的，他常常採用實線和點虛線結合的方法，表現出服裝的空間關係和布料的重量對比。此外，在許多畫幅裡，比亞茲萊也會根據情節對人物服裝進行創造和改良，從某種意義上而言，這也顯現出「設計」的痕跡。

出生在捷克斯洛伐克的**阿方斯·慕夏**（Alphonse Mucha，1876～1974)是19世紀末與20世紀初「新藝術運動」插畫方面的先驅。

1894年，他與法國超級女明星沙娜·波恩哈特的一次重要會面改變了他的命運。其後的數年間，慕夏除了為沙娜的舞臺劇繪製海報以外，還幫她設計舞臺、戲服和珠寶等。因此，慕夏的繪畫作品中往往涉及了大量服飾造型的內容。同時，慕夏筆下的女性形象都具有高度的「新藝術」特徵，其服裝、髮飾都忠實的反映出當時的藝術潮流──大量華麗的曲線造型、典雅穩重的構圖以及絢麗的色彩，共同塑造出甜美而清新的女性形象。

裝飾藝術運動(Art Deco)是20世紀20年代至30年代在法國、美國、英國等歐美國家展開的一次風格非常特殊的設計運動。

隨著大工業時代的迅速來臨，「新藝術運動」所倡導的手工製作原則已經不能適應社會發展的需要了，普遍的機械化生產儼然成為一種不可逆轉的趨勢。於是，以法國為首的各國設計師紛紛站在新的高度上，重新肯定機械生產的必要性，對新材料、新技術的運用表現出積極的態度，並於1925年在巴黎舉辦了裝飾藝術展，「裝飾藝術運動」因此得名。

「裝飾藝術運動」在建築、家具、陶瓷、玻璃、紡織、服裝、首飾等領域都取得了極高的成就。雖然各個領域所呈現出來的設計形式五花八門，但它們都具有一定的共同性。例如，在造型中多採用幾何形狀或用折線進行裝飾；在色彩中強調運用鮮艷的純色、對比色和金屬色；在材料的選擇上注重其質感與光澤……總之，「裝飾藝術運動」的設計師追求的是一種強烈、華美的視覺印象。

回首過去，雖然「裝飾藝術運動」在思想與形式上是對「新藝術運動」的反動，但就其本質來說，它在一定的程度上還是屬於傳統的設計運動——以新的裝飾替代舊的裝飾，其主要貢獻是在造型與色彩上表現現代內容，顯示出時代的特徵。

在這個階段，服裝插圖的最明顯的變化是：由曲線構成的裝飾意味較之前的「新藝術運動」時期少了許多，新興的立體主義和超現實主義明顯的影響了服裝畫的創作，許多作品在形式上迷戀自然的抽象化，是反自然主義和反平面色塊的再現手段。

保羅．伊里巴（Paul Iribe，1883～1935)是「裝飾藝術運動」最傑出的服裝插圖畫家之一，與著名的喬治．巴比爾和艾德齊名。

1911年，他得到「裝飾藝術運動」的中心人物——著名服裝設計師保羅．佈瓦烈特的青睞之後，伊里巴開始展開職業服裝插圖師的生涯。有趣的是，他的作品似乎永遠以劇院、電影、時尚和文化生活作為主題。

伊里巴從1916年開始就為著名時尚雜誌《Vogue》繪製插圖，但是直到20世紀30年代，他那種不算典雅卻有些古怪的畫風才得到大眾的認同。

1911年，服裝設計師保羅．佈瓦烈特將他的設計以畫冊的形式印刷出版，欲以此擴大自己的影響力。除了保羅．伊里巴以外，佈瓦烈特還邀請了另一位畫家喬治．勒帕普（Georges Lepape，1887～1971)來參與這項工作。

勒帕普曾經受過嚴格的專業繪畫訓練，擅長用明亮、歡愉的色彩作畫。他在這本畫冊裡用線描的方式來表現佈瓦烈特所設計的高腰裙，並將它們塗成藍色、綠色、紅色、粉色和黃色。這本畫冊後來被印製了100冊。

其後，勒帕普成為《Vogue》、《Gazette du Bon Ton》等著名時尚雜誌的特邀插圖師。

喬治・巴比爾（Georges Barbier，1882～1932)於1912年開始展開職業插圖師的生涯，這一年，他已經30歲了。巴比爾為當時的頂級時尚刊物《Vogue》和《Gazette du Bon Ton》進行插圖設計、繪製以及撰寫文章。由於巴比爾所描繪的具有濃郁的20世紀20年代風格的精美插圖在當時被限量發行，因此，他的作品一直都是人們狂熱追求的收藏品。

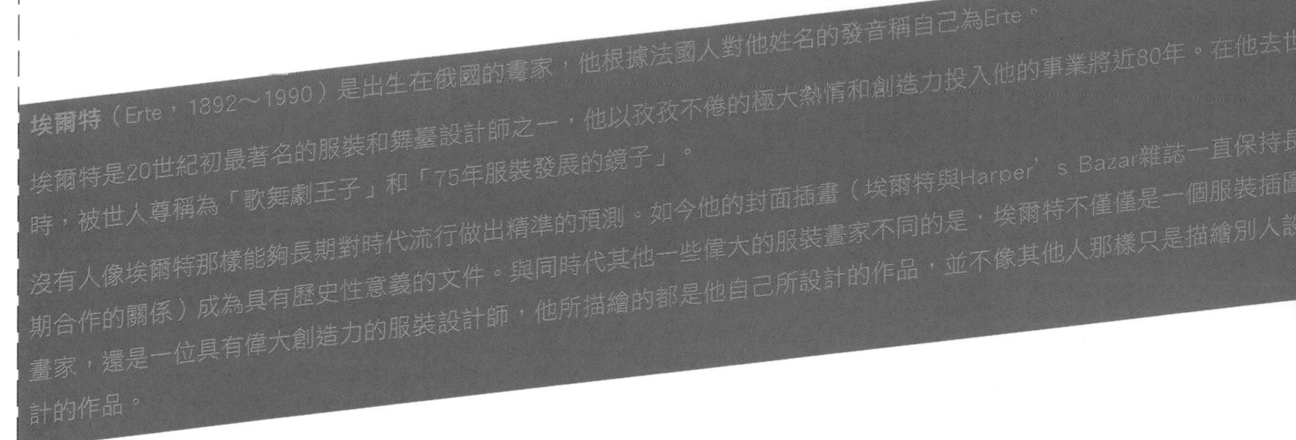
埃爾特（Erte，1892～1990）是出生在俄國的畫家，他根據法國人對他姓名的發音稱自己為Erte。

埃爾特是20世紀初最著名的服裝和舞臺設計師之一，他以孜孜不倦的極大熱情和創造力投入他的事業將近80年。在他去世
時，被世人尊稱為「歌舞劇王子」和「75年服裝發展的鏡子」。

沒有人像埃爾特那樣能夠長期對時代流行做出精準的預測。如今他的封面插畫（埃爾特與Harper’s Bazar雜誌一直保持長
期合作的關係）成為具有歷史性意義的文件。與同時代其他一些偉大的服裝畫家不同的是，埃爾特不僅僅是一個服裝插圖
畫家，還是一位具有偉大創造力的服裝設計師，他所描繪的都是他自己所設計的作品，並不像其他人那樣只是描繪別人設
計的作品。

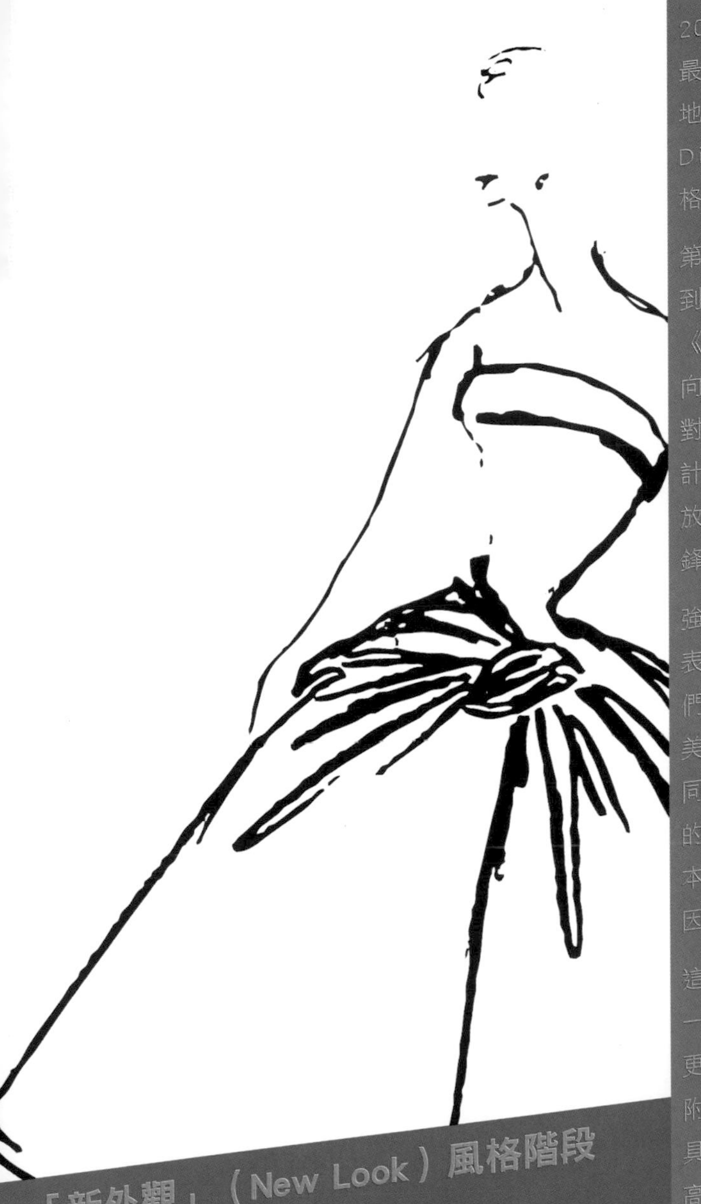

「新外觀」（New Look）風格階段 20世紀50年代

20世紀50年代，「典雅的女性化服裝」是時尚主流的最後一個階段。這一時期當中，在時尚界佔有絕對統治地位的當數由法國設計師克里斯汀·迪奧（Christian Dior，1905～1957）於1947年所締造的「新形象」風格。

第二次世界大戰結束以後，婦女對簡單的男性化服裝感到厭倦，十分渴望回復女性化的風貌，赫洛克曾在其《服裝心理學》中寫道：「一般說來，戰後服裝重新走向極端，特別是婦女服裝……戰爭的破壞剝奪掉人類對美的追求，現在，人們有理由對未來的生活重新設計，壓抑在內心的對生活的熱忱需要找一個突破口釋放出來，服裝設計師當仁不讓的充當了時代變革的先鋒……」

強調女性腰部線條的「新形象」女裝 正好滿足了女性表現自我的願望。迪奧說到「我為如花朵般美麗的婦女們設計了新穎的服裝，它有圓潤的肩、豐滿而富有女性美的胸部、苗條的細腰和臀部以下展開的女裙。」與此同時，由於合成纖維、合成材料的大量使用和量產方式的出現，也使得這些昂貴的高級服裝能夠以更便宜的成本被仿製出來，並且迅速的流向一般消費大眾——迪奧因此成為戰後女裝革新的領袖。

這種對於古典、唯美風格的回歸，讓已經習慣於表達這一類題材的畫家們大感興奮，他們將人物和畫面處理得更符合現實性——模特兒的姿勢主要在表現中產階級的附庸風雅和閒適情趣，人物因此被描繪得更加規矩並更具媚態。另一方面，在當時的繪畫界，印象派畫家已經高舉現代主義的旗幟，許多服裝畫家也由此看到了新希望，並積極的朝著這個方向進行調整，例如威勞麥茲和埃里克的手繪服裝作品就充分表現出濃郁的印象主義特徵：草圖般潦亂的記錄方式，斷斷續續的輪廓外形，濃淡不一的色塊以及飄忽的、輕描淡寫式的線條……

但是，整體而言，由於傳統的審美經驗的延續，「新外觀」時期的多數服裝畫的形式還是顯得比較單一，缺乏多樣化的形式，因此在個性的表現上就顯得較為沉默。所以，縱觀服裝畫發展史，這一時期甚至可以被稱為服裝畫的衰落期。

勒內．格呂奧（Rene Gruau，1910～2004）出生在意大利。20世紀20年代後期來到巴黎，展開服裝雜誌插圖師的生涯。

由於格呂奧的作品充滿浪漫、高貴的氣質，因此得到了服裝大師迪奧的青睞，並且和他成為莫逆之交。格呂奧經常為迪奧的新款服裝設計繪製廣告宣傳畫，也因此創造出了許多轟動一時的佳作，從而引起了更多廣告商的注意。1955年以後，當服裝攝影開始在一些報紙和服裝雜誌上取代過去的手繪插圖的時候，格呂奧乾脆將注意力轉移到與服裝有關的產品（例如服裝配飾、手套、香水、化妝品、內衣和布料等）廣告的創作上面。

今天，格呂奧仍然在廣告創意工作上堅守崗位，同時，他也重新開始為《EIIE》、《Madame Figaro》、《Vogue》和《L'Officiel de la Couture》等服裝雜誌繪製插圖。

法國的**勒內・佈埃-威勞麥茲**／Rene Bouet-Willaumez(1900～)是《Vogue》雜誌的「御用」插圖師之一。1929年他的作品第一次出現在《Vogue》上。

威勞麥茲擁有紮實的繪畫功力和從事戲劇舞臺設計的經歷，讓他能夠毫不費力的在畫面上調配空間，將他的服裝女郎擺放在最和諧的位置上。威勞麥茲喜愛表現最高級和最新穎的服裝款式，因此，他筆下的婦女總是透露出一種高貴、典雅的風采——與他所具備的印象派風格的浮誇畫風相得益彰。

埃里克／Eric(1891～1958)出生於美國，他的主要客戶有服裝雜誌《Vogue》和化妝品雜誌《Coty cosmetics》，他與《Vogue》雜誌的合作更長達35年之久。

埃里克的視角和表現手法是自由多變的，他能夠在瞬間捕捉到模特兒的動態和表情，並且藉由鬆弛的運筆和色彩的滲透在紙上表現得栩栩如生。埃里克是一位非常勤奮的畫家，著作頗豐，灑脱奔放的繪畫風格對服裝界和廣告業界都造成極大的影響。

各種視覺藝術流派的變遷都會影響到服裝畫的創作當中，其中又與繪畫潮流的關係最為密切。但是從整個脈絡來看，服裝畫與繪畫的發展過程並非是齊頭並進的，它在時間上具有滯後的特徵。因此，若要嚴格的依照繪畫史年表套用在服裝畫風格的演變顯然是不夠科學的。20世紀20年代以來，以塞尚所提出的「客觀化趨勢」為濫觴而且聲勢浩大的「現代主義運動」中，服裝畫的創作者們就有選擇性的（而不是全盤地）汲取了某些風格流派的精華（如立體主義、抽象主義和超現實主義等）。因為他們認為，現代派繪畫中強調平面二維空間的表現形式，恰好迎合了服裝畫創作中主體突出的特點，這種理性的行為也反映出服裝畫與生俱來的商業實用屬性。如果說，早期的「服裝畫」只不過是畫家們在表現「時髦的」生活場景時不經意帶出來的「副產品」，那麼進入20世紀60年代以後，當服裝設計和生產形成一定的規模時，也就是說當這門藝術擁有了自身發展的土壤和環境時，它就形成了自己的發展規律和模式。而本小節所探討的「現代主義風格」的服裝畫發展，正是建立在其商業藝術價值獲得進一步肯定和發展的基礎上。

20世紀60年代以來，歐美各國的經濟開始快速發展的同時，兩次世界大戰後誕生的嬰兒潮也都邁入了青年期和少年期，這些數量龐大的年輕人在物質主義取向的環境裡，其世界觀、價值觀和審美觀都有了不同於往昔的重大改變。「年輕風暴」的崛起使得標新立異成為社會的主要取向，服裝界也因此打破了高級服裝主宰天下的局面，走上了多姿多彩的道路。從20世紀60年代初到20世紀80年代末，隨著高級成衣業的興起和日趨成熟，設計師必須藉由不斷改變設計樣式以刺激消費者的需要，並且必須「有計劃的廢止」已經擁有的服裝產品。致使各種服裝「風格」必須如同走馬燈般不斷變化，許多觀念迥異的設計師也因此有了嶄露頭角的機會，也就是說，服裝界「求新求變」的時代來臨了。

服裝在形式和精神的表達方面所呈現出的多樣化，也促使服裝插圖畫家不再拘泥於傳統的寫實風格的表現手法，而轉向表達設計主體內在精神的寫意風格。如果說之前的服裝畫是從純繪畫技巧中吸取營養的話，那麼，從現在開始，服裝畫受到設計運動的影響已經越來越多，並且已經自成一格，開始擁有服裝畫的基本特徵。換言之，這時期的服裝畫介於繪畫思潮與設計運動之間，並且從形式和內容上同時受到兩者的作用。

3 現代主義風格階段 20世紀60年代至20世紀80年代

服裝畫的內涵也在悄悄的發生變化，並且逐漸分化出兩大類型：一類是服務於生產線上的設計師手稿，另一類則是服務於商業的服裝畫，許多著名設計師的手稿具有很高的藝術水準。

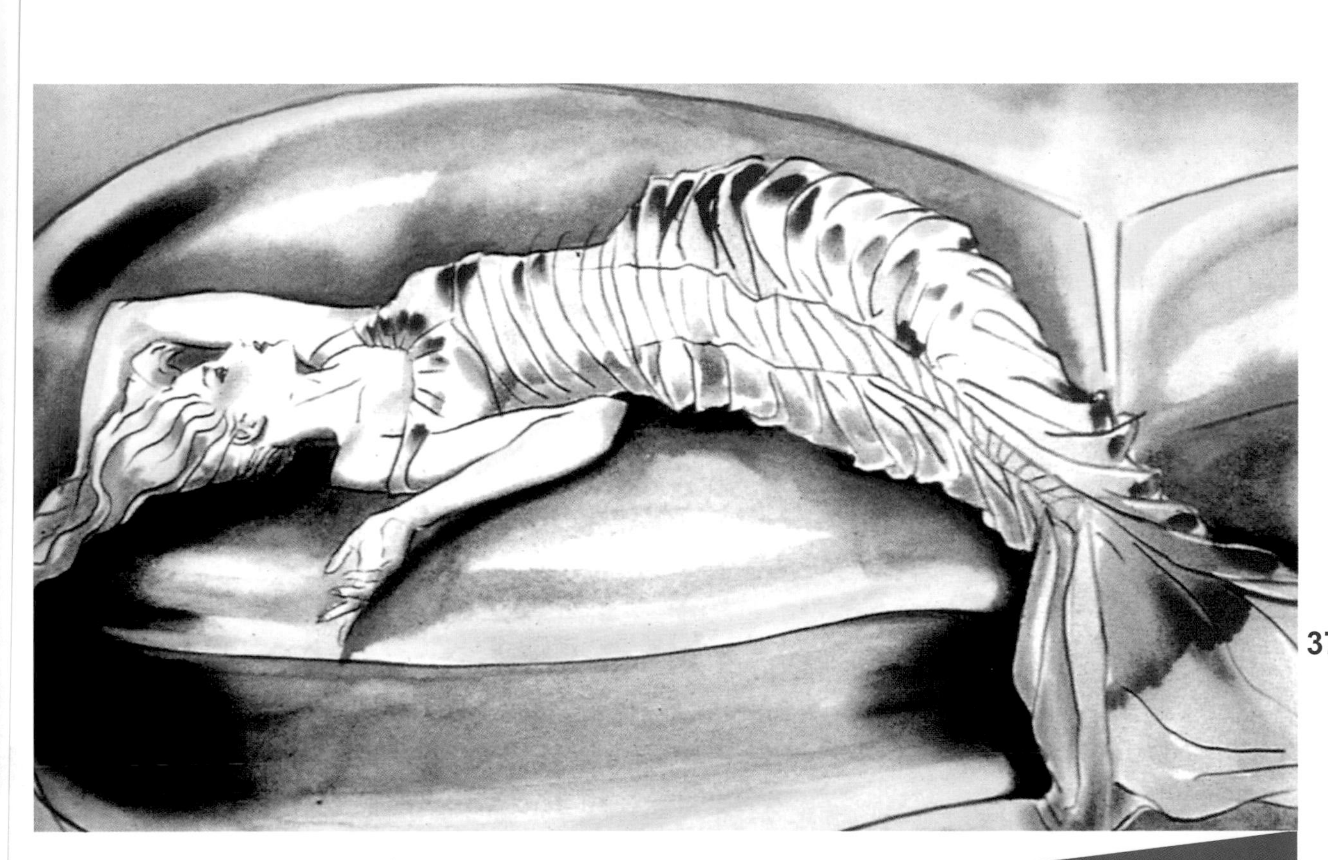

進入20世紀60年代，服裝畫的風格逐漸朝向多元化發展。從這時起安東尼奧·洛佩斯（Antonio Lopez）成為最具影響力的服裝畫家。

安東尼奧的服裝畫創作生涯從20世紀60年代跨越到20世紀80年代，其自身的風格也在不斷變化，顯示出大師的風範。他敏銳的掌握時代氣息，他的作品總是在令人意想不到的地方大放異彩，尤其是他對服裝畫的創造力和情感的表達更是具備震撼人心的力量，對當時其他的服裝畫家產生極大的啟示與鼓勵。安東尼奧擅長把自信的設計風格與天生的別緻情調結合起來，在服裝插圖作品中保持了最精美的服裝傳統。《Vogue》等時尚雜誌的藝術編輯都喜歡採用安東尼奧的作品，因為他的畫充滿了裝飾的魔力。畫中身材修長而柔美的女性大膽的表現自我，嬉皮風格的人物和形態是對時代的生動描繪。

在服裝產業風起雲湧的20年間，安東尼奧已經成為一種流行的符號，他的一舉一動都影響著流行的脈動。他以服裝畫家（而非服裝設計師）的身份成為時尚圈的領袖人物，這在服裝界的歷史上是相當罕見的。

英國服裝插圖師**格雷厄姆．倫斯威特**（Graham Rounthwaite，1970～）的作品線條簡潔流暢，色調低沉淡雅，並常常選用街頭青年作為主題人物形象。

出生於黎巴嫩貝魯特的美國服裝插圖師**卡立姆．伊利亞**（Kareem Iliya，1967～）擅長用水彩暈染的方法作畫，他的作品因此常常呈現出一種被宇宙未知的力量所牽引的神祕感。

自學有成的日本服裝插圖師**津脇**（Ed．Tsuwaki，1966～）以其所創建的線條流暢的長頸大眼女郎形象最為著名。

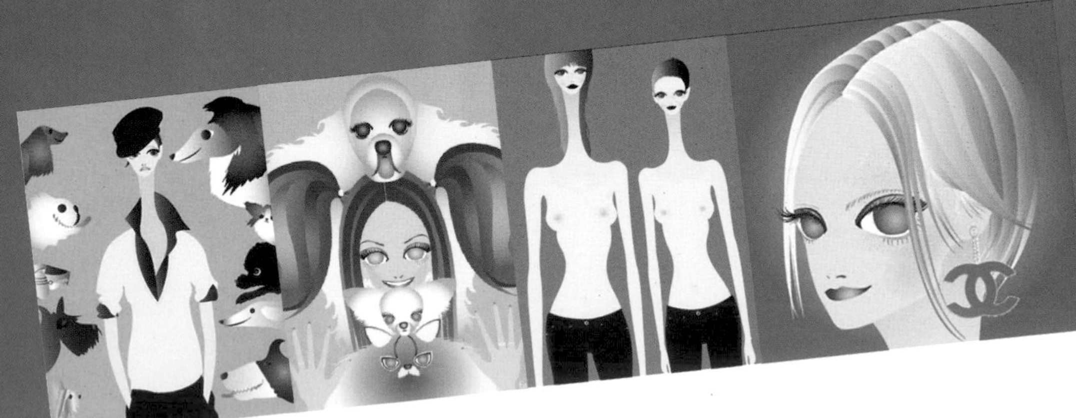

< 日本籍服裝插圖師田邊（Hiroshi Tanabe）的作品。

∧ 出生於古巴的**魯本·託萊多**（Ruben Toledo，1960～）在繪畫、雕塑和插畫方面多有涉獵，但是他在服裝插畫方面所獲得的成就最受人矚目，前任大都會藝術博物館服裝館館長更是稱讚他為「這個時代最偉大的服裝插畫家……」

∨ **安嘉·克倫克**（Anja kroencke，1968～）筆下的人物總是以剪影的形式出現，五官的省略使畫面的重點更有利於突顯那些修長、優雅的人物形象和摩登的生活場景。這位出生於維也納的女插畫師的客戶包括有美國Yahoo公司、英國航空公司等多家國際著名的企業。

出生於瑞典的美國女服裝插圖師莉澤**洛特·沃特金斯**（Liselotte Watkins，1971～）的作品線條清晰流暢，色彩鮮艷飽滿，極具裝飾感。 >

3

第3章 畫 服裝畫

人體和服裝是服裝畫的兩大構成要素。因此，對人體和服裝以及二者之間的研究顯得尤其重要。

首先，學習者應當對正確的人體比例有一定的認識和基本的掌握。第一個原因是，在日常的設計事務中，服裝設計師運用最多的還是服裝效果圖——正如前面服裝效果圖的概念所闡述的，效果圖是需要在實際的工作流程中清楚傳達設計構思的功用，如果人體比例和服裝結構不夠準確或者過分誇張，將會造成服裝製版師以及樣衣師產生誤讀而製作出不合格的產品；第二個原因是，正確的人體比例也是服裝畫創作所必備的基本功課，因為所有的「變形」與「誇張」都須建立在一個堅實可信的物質（人體）基礎之上。因此，精準正確的掌握人體比例關係是極為必要的。

在本書的編寫中，從內容和形式都希望能夠幫助學習者達到一個基本目標：以藝術化的手法來傳達設計師的設計概念。也就是說，我們不僅僅是表達出設計概念，還要能夠做到生動傳神，富有藝術感染力。依照本書講解的邏輯理論，再藉由大量的練習，將可以一步步接近我們的目標，對於一名設計師而言，這一點可以說最基本的要求了。如果你想成為服裝插畫師，就更需要在這個基礎上有更深入的造型訓練和更高的藝術表現力。對不同層次的學習者來講，制定一個學習目標是必要的。

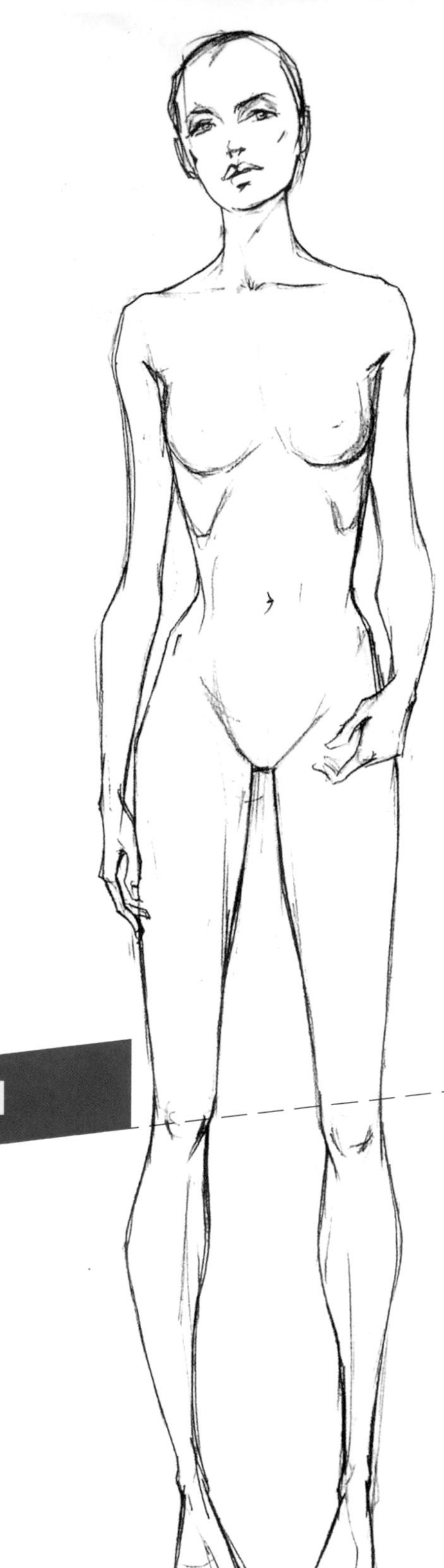

1

服裝畫人體
與
繪畫人體的區別

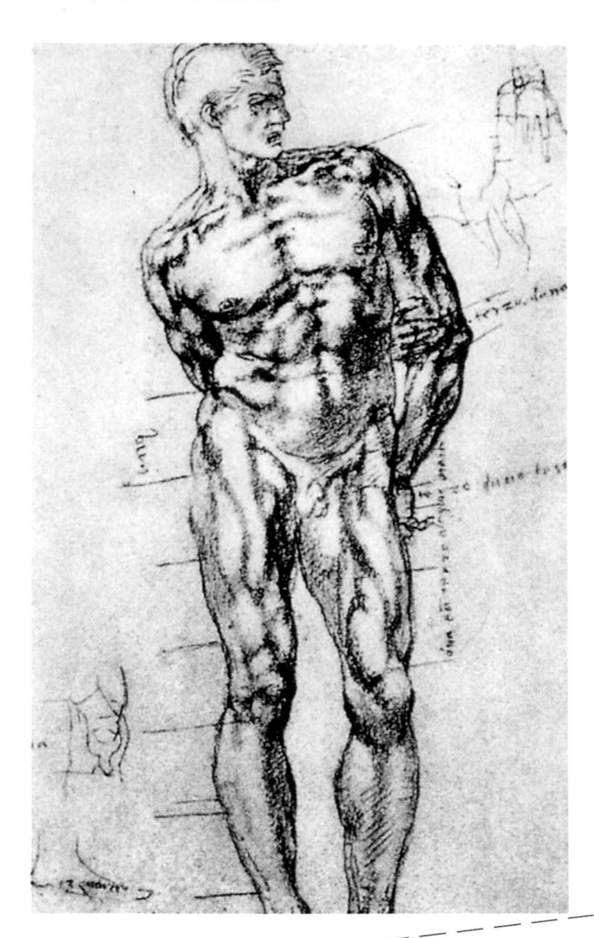

本書的人體採用的是比較寫實的比例，這也是作者力圖在服裝畫人體的概括性和繪畫性上找到一個結合點，並以此對固有的、教條式的服裝人體繪畫進行一種反思。

一般而言，人體繪畫是一種正常人體比例關係的表現。畫家對於人體的解剖關係——從骨骼的形狀到肌肉的走向，都要求能夠準確的表現出來。同時，繪畫當中的明暗關係、體積和塊面的起伏等也都需要建立在一種比較客觀且實際的基礎上。

相比之下，服裝畫與服裝效果圖則更強調一種「概括性」，它具有更強烈的主觀意識和表現形式，大家最直覺的感受恐怕就是模特兒的人體被拉長了（達到了八頭身甚至十頭身的比例）——無論這種視覺上的愉悅感是來自於人們的現實經驗累積，還是來自於時尚權威所制定的規矩，總之，「模特的身材比例應當異於常人」已經成為人們的共識。也正是這種理想化的存在和理性的分析，以致在服裝畫與服裝效果圖的學習過程當中，往往把教學的重點放在人體的比例分配和外部輪廓線的起伏上。

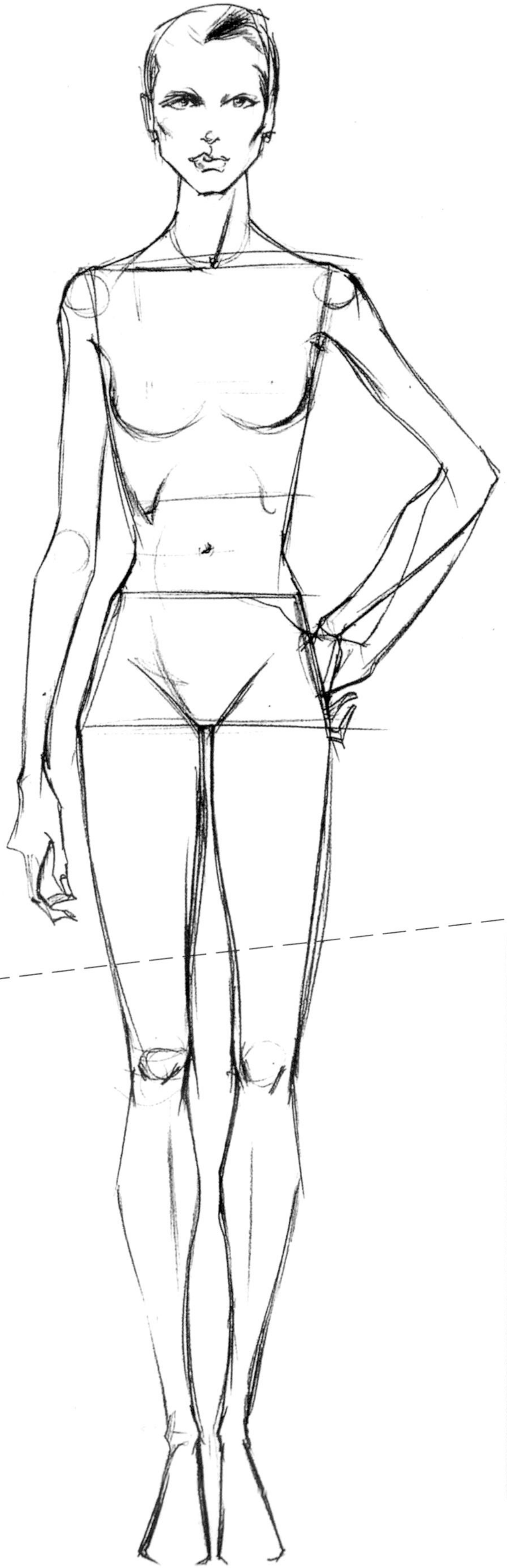

【本書的學習建議】

請您臨摹書中的範例，掌握基本的人體結構和比例。不過，這時所要學習的是觀察方法和表現方法，絕對不能將書中的繪畫風格當成學習的終極目標。在學習過程中應該超越服裝畫的範圍，從更多的藝術領域中吸取養分。

↓

將人體比例及結構關係熟記於心並默畫出來。從臨摹到默畫是一個熟能生巧的過程，也是在大量訓練基礎上的自然提昇。建議每天繪製10～20張，「量」的累積之　後，「質」必會提高。

↓

平時應該多看各種服裝照片，注意分析服裝、人與環境之間的關係，才能夠充分掌握人體與服裝之間的關係，。同時，多看、多臨摹各種優秀的服裝畫或者繪畫作品，學習高手的表現方法。

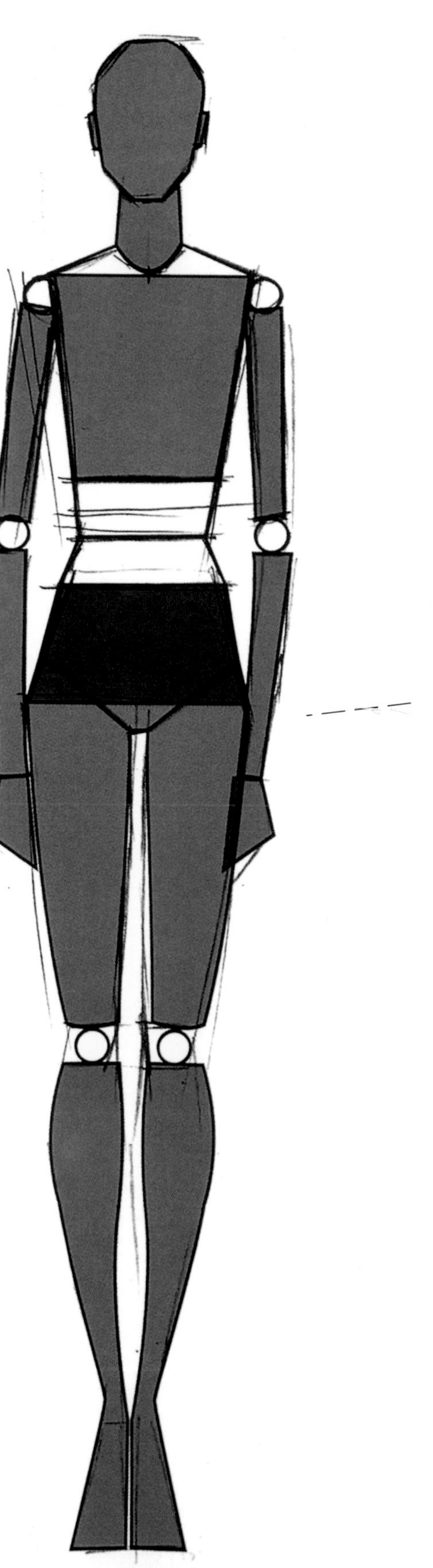

抽象的幾何體並非最後繪製完成的效果，主要目的是為了幫助我們更正確掌握複雜的人體結構。現在，請你比較一下右邊兩幅圖的轉化關係。

2

用簡單的幾何圖形對人體的不同部位進行歸納整理，有助於我們觀察並理解複雜的人體。

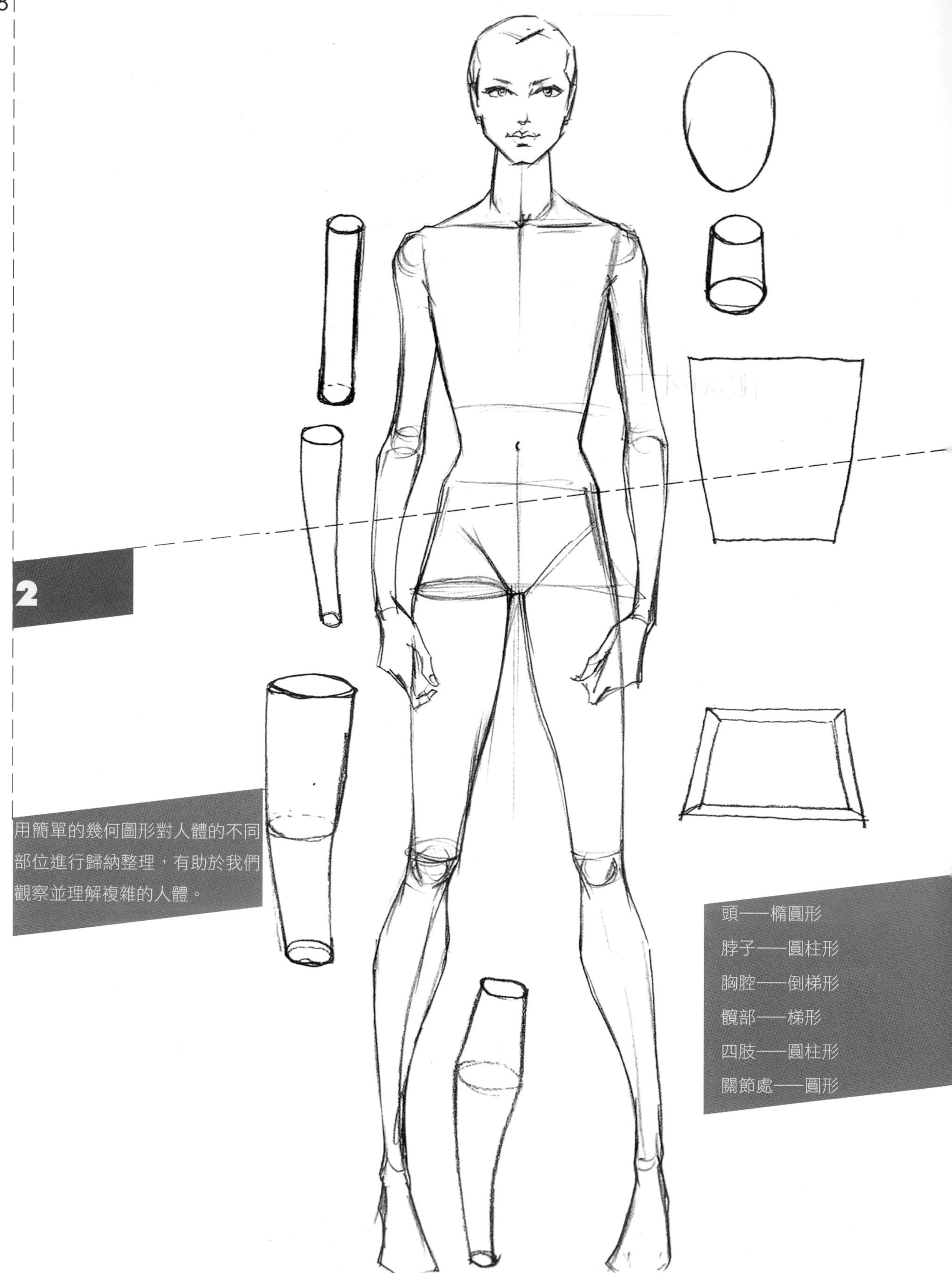

頭——橢圓形

脖子——圓柱形

胸腔——倒梯形

髖部——梯形

四肢——圓柱形

關節處——圓形

在本書當中，我們所闡述的是一種基本的比例關係和人體結構，進一步的個性特徵則需要在自己的學習過程中慢慢摸索學習。

人體的幾何化

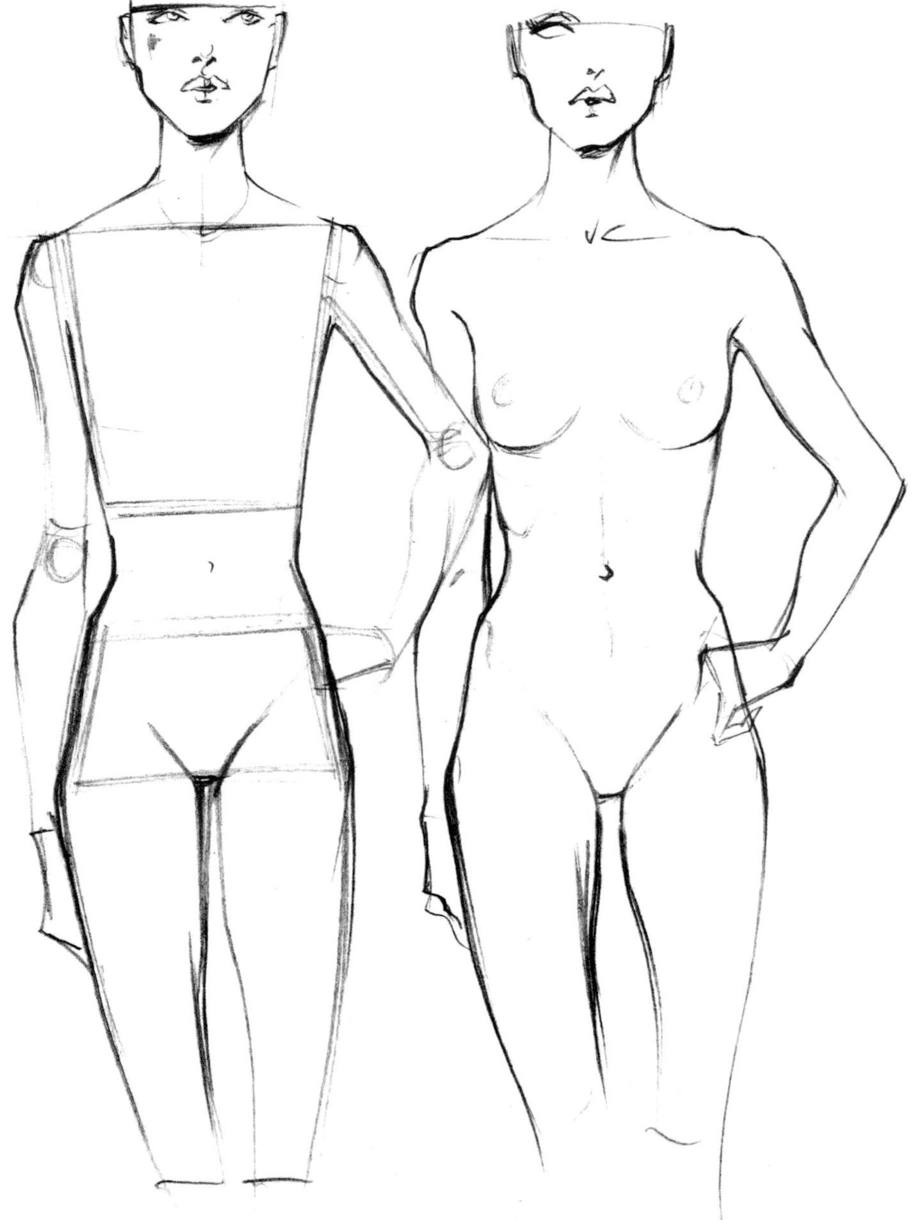

3

繪 畫 的 方 法

在繪畫過程當中，通常都與「觀察」有著密切關係。人體的正確比例是根據「反覆觀察」與「比較」而來的，「比較」行為更應當貫穿於整個繪畫過程當中。

繪畫的三個階段：

■**畫前的觀察階段。**動筆以前先觀察對象的比例結構（註：範例是直覺上的平面效果，而人體寫生則是立體效果，難度也要大得多）。

■**繪畫階段。**依據觀察到的結果，並結合有關人體的比例知識，畫出正確的人體比例結構。

■**畫後的修正階段。**對畫面中還存在的問題加以修改。

三個階段都離不開「比較」的方法。

因此，作者特別強調：不要求學習者畫得「多」，而是要求畫得「正確」。唯有不斷累積高質量的作品，服裝繪畫技藝才會真正提高。學習者應當爭取在每一幅人體習作當中解決有關人體結構的一至兩個問題，徹底認識和理解每一局部的結構及其運動原則。不斷累積經驗之後，慢慢就會得到一個全面的、整體的人體概念。如果只是一味追求習作數量，將無異於在一片危機四伏的地基上搭建高樓，其結果可想而知。在實際當中，我們也經常會看到這樣的作品，例如，模特兒的五官固然畫得精彩，但其擺放的位置卻與整個頭部輪廓不相稱。又如，模特兒的四肢與軀體在大小和長短上都不成比例……無論這些作品的筆法如何嫻熟、用色多麼和諧，都將會輸在「起跑線」上。

【基本概念】

■**觀察和繪畫的過程就是一個不斷比較的過程。**

■**人體的比例完全由點、線、面構成**

點──肩點、胸高點、頸點、腰最小點、骨盆點、大轉子點、膝蓋點、腳踝點、腕關節點

線──肩線、腰線、骨盆線、四肢的線

面──頭部、胸廓、骨盆

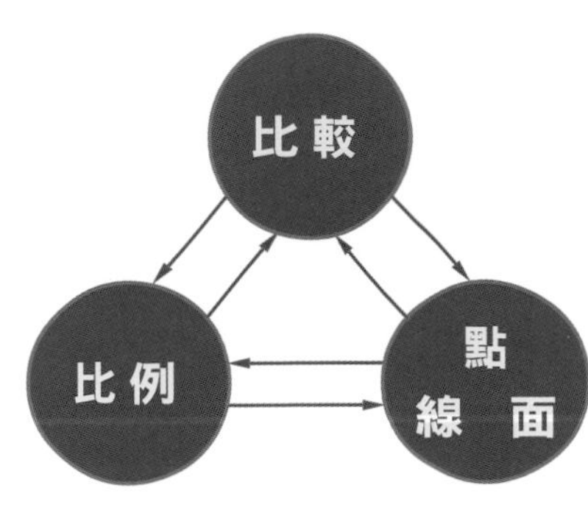

正面人體的繪製過程

4

a

I

II

III

d

c

b

①

a點到d點之間分成四等分，得到Ⅰ、Ⅱ、Ⅲ三個等分點。從上至下，Ⅰ處為下頜底線；Ⅰ與Ⅱ點之間的中點處是肩線e經過的地方；Ⅱ點到Ⅲ點的2/3處為胸廓底線f所在的位置；Ⅲ點到d點的1/3處為盆骨的頂端g。

縱向（長度）

■在畫面上確定好整個人體的高度，以a、b點標出頂端和底端的位置，兩點之間相距約為九個頭長。

■從b點向上約一個頭長處確定c點（腳踝處）。

■從a點到c點之間二等分得到d點（髖部最寬處）。

■從d點到c點之間二等分（膝蓋處）。

橫向（寬度）

■只畫出九個頭長的等距離切分是不夠的，長和寬共同作用才能構成整個人體的比例關係。

■頭寬約為頭長的2/3。

■肩寬（e點）約小於兩個頭寬。

■參照肩寬可以定出下胸廓線（f點）的寬度。

■盆骨頂部（g點）大致與下胸廓線一樣寬。

■f點與g點處的水平線寬度共同作用，決定了人物腰部的粗細。

■髖部最寬處（d點）寬度與肩寬（e點）對齊。

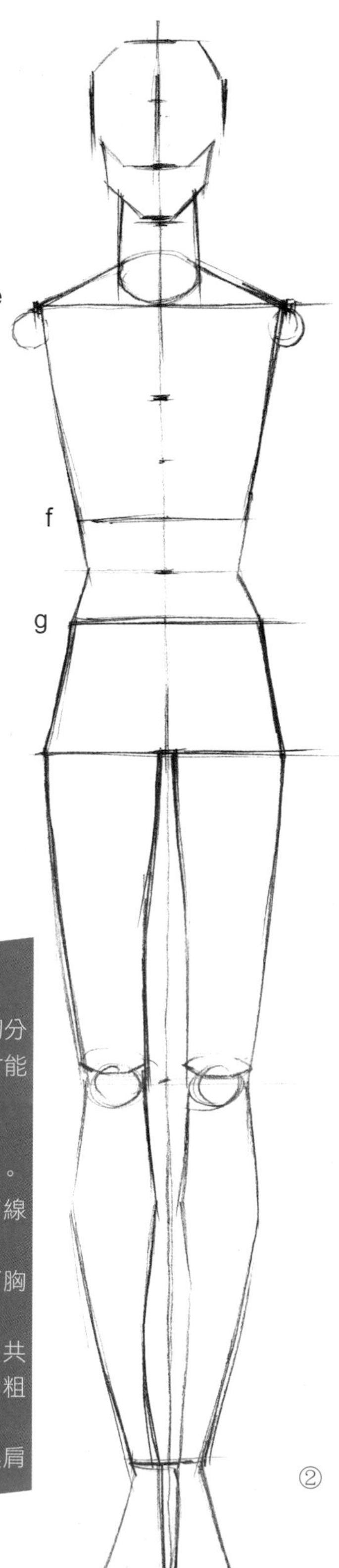

連結

■胸廓的延長線與髖部延長線相交處為腰部的最細處（即腰線處）。

■關節處理為球形，因其符合人體活動的機能性表現。

■肘關節最細處基本與腰線處在同一條水平線上。

■腕關節低於髖部最寬處。

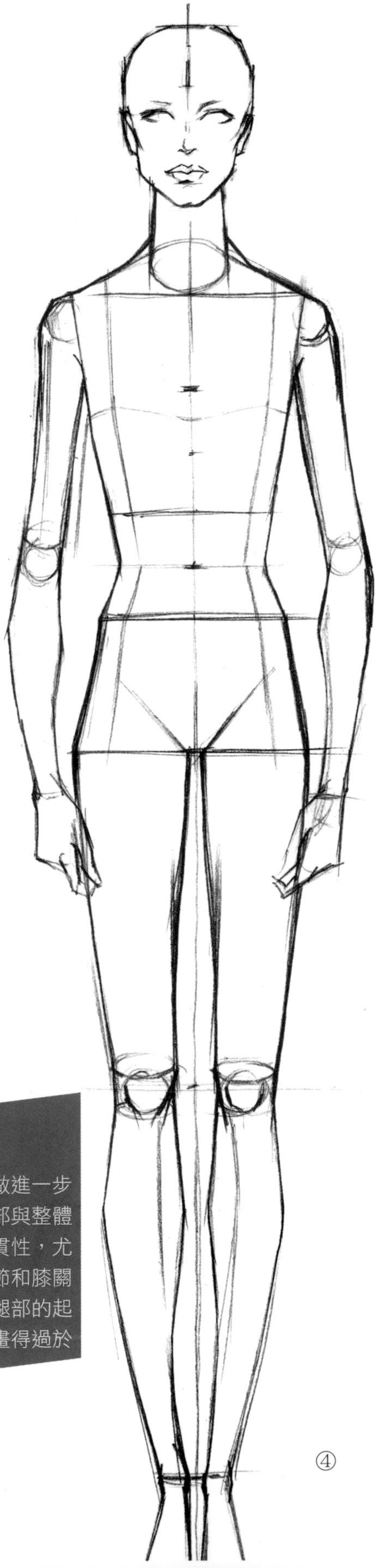

③

調整

將各個結構比例關係做進一步的比較，注意各個局部與整體的關係以及線條的連貫性，尤其注意肩關節、肘關節和膝關節的結構關係，以及腿部的起伏線條，避免把人物畫得過於僵硬。

④

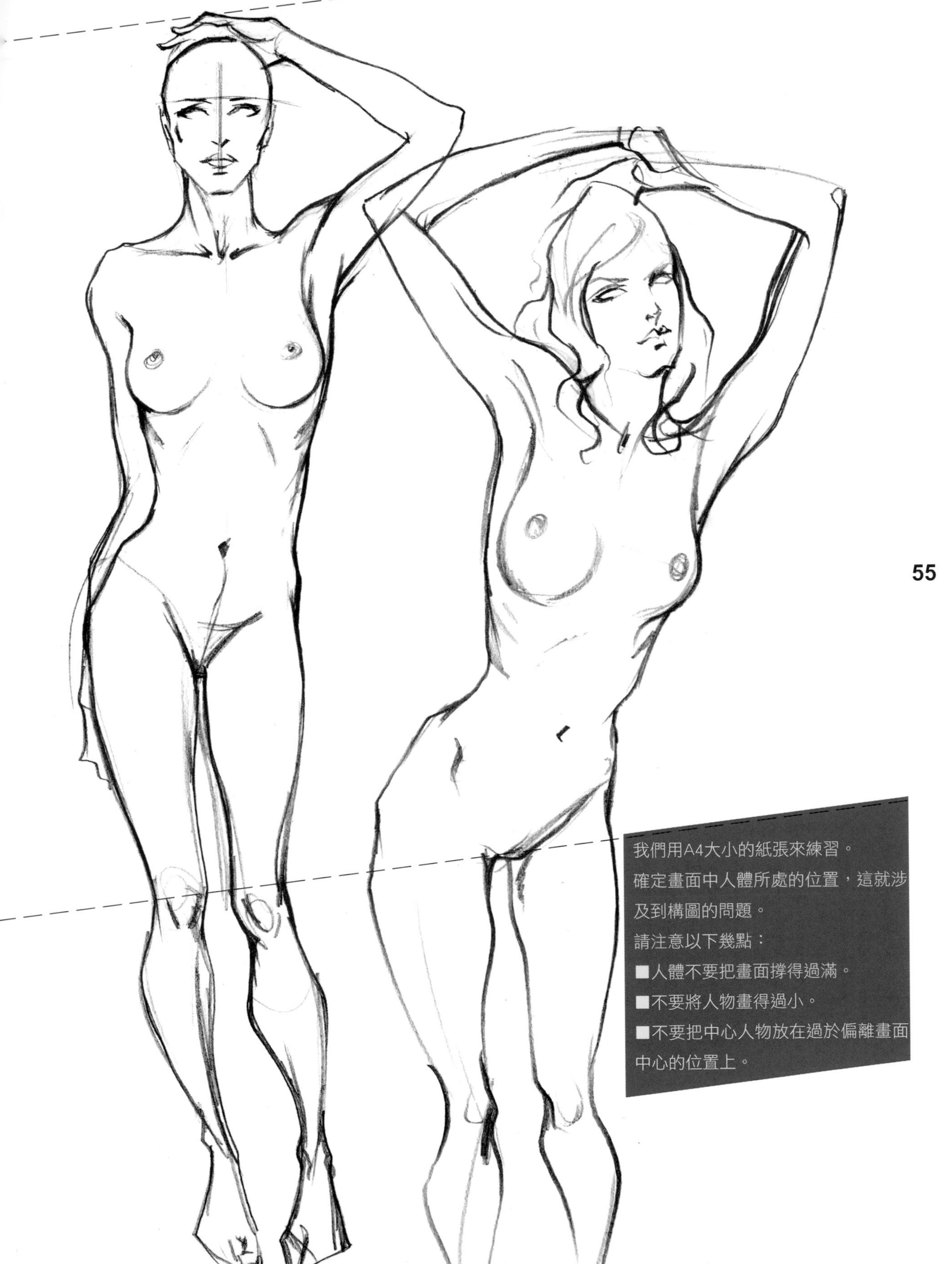

我們用A4大小的紙張來練習。

確定畫面中人體所處的位置，這就涉及到構圖的問題。

請注意以下幾點：

■人體不要把畫面撐得過滿。

■不要將人物畫得過小。

■不要把中心人物放在過於偏離畫面中心的位置上。

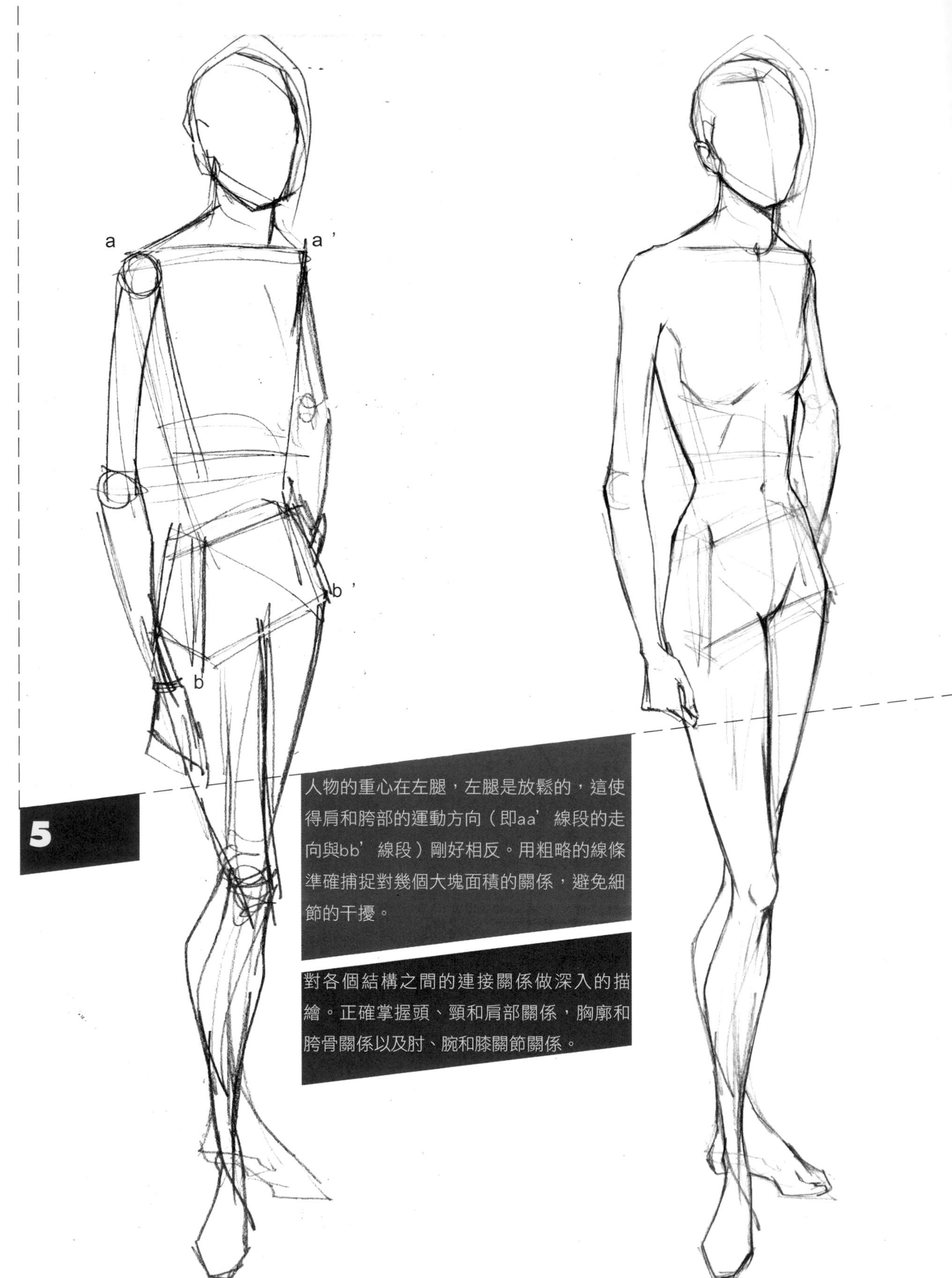

5

人物的重心在左腿，左腿是放鬆的，這使得肩和胯部的運動方向（即aa' 線段的走向與bb' 線段）剛好相反。用粗略的線條準確捕捉對幾個大塊面積的關係，避免細節的干擾。

對各個結構之間的連接關係做深入的描繪。正確掌握頭、頸和肩部關係，胸廓和胯骨關係以及肘、腕和膝關節關係。

3/4側面人體的分析比較

3/4側面的姿勢在服裝效果圖中運用得比較多，而且這種姿態也比較能夠充分表現服裝的特色。

深入描繪五官和手腳，完整表現出作品的風格。

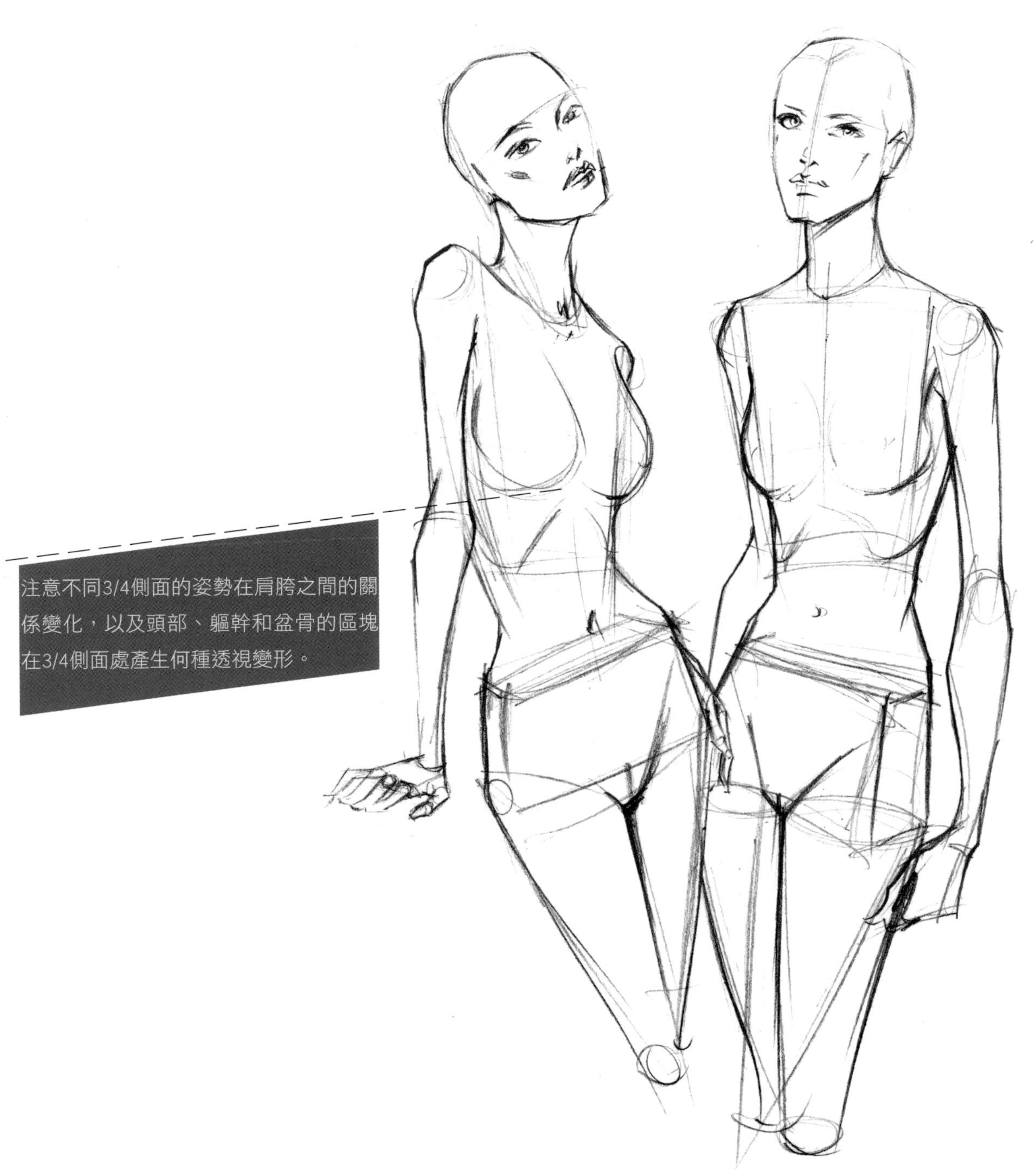
注意不同3/4側面的姿勢在肩胯之間的關係變化，以及頭部、軀幹和盆骨的區塊在3/4側面處產生何種透視變形。

6

側面人體的分析比較

側面人體有助於表現服裝側面的設計。

由於沒有人體中心線作為參照，所以對於初學者而言，3/4側面在繪畫上有一定的難度。但是，只要堅持運用前面所提到的「比較」的方法，掌握側面人體各個點、線、面的關係，透過大量的訓練一定能描繪出完美的側面人體。

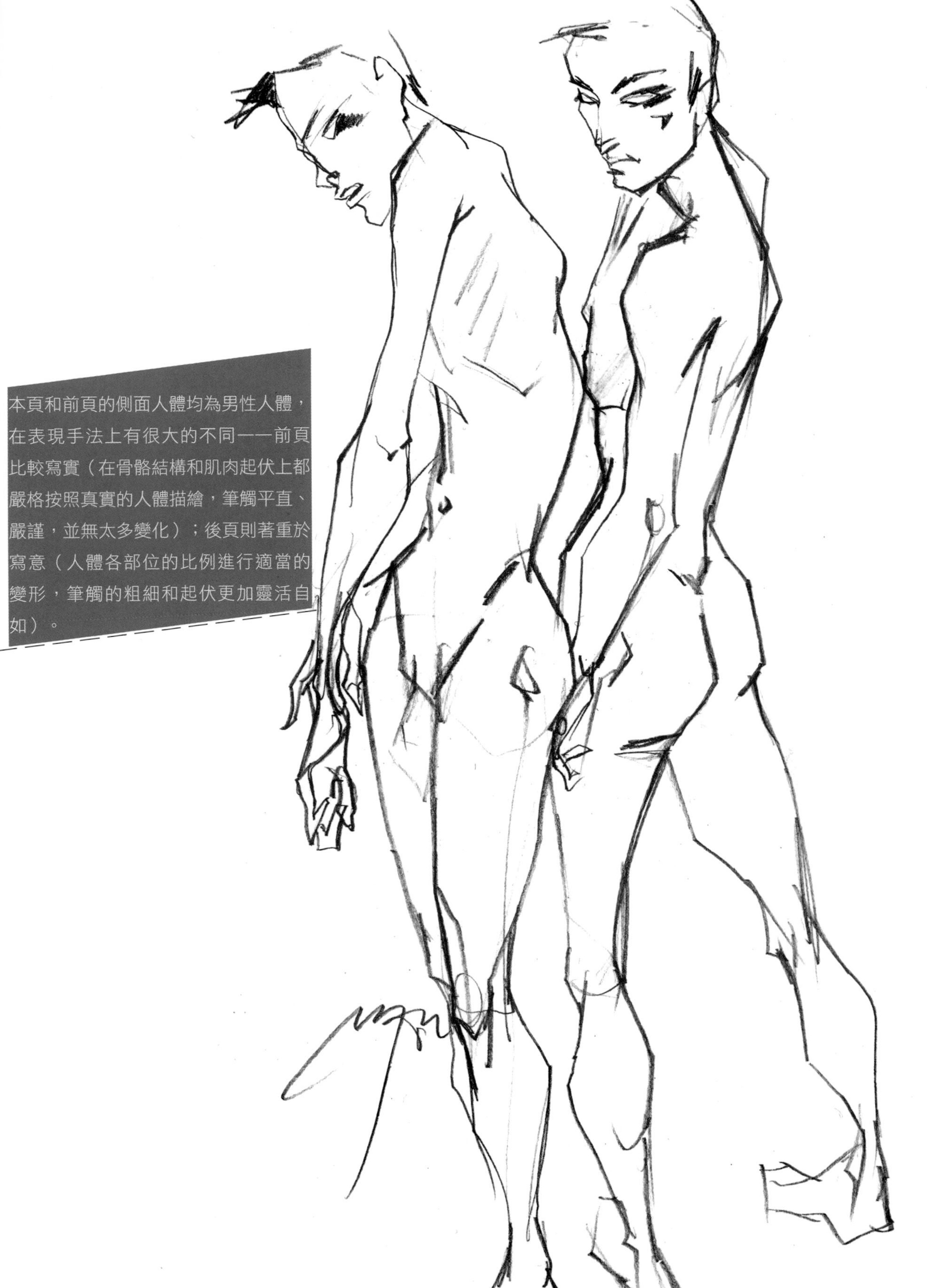

本頁和前頁的側面人體均為男性人體，在表現手法上有很大的不同——前頁比較寫實（在骨骼結構和肌肉起伏上都嚴格按照真實的人體描繪，筆觸平直、嚴謹，並無太多變化）；後頁則著重於寫意（人體各部位的比例進行適當的變形，筆觸的粗細和起伏更加靈活自如）。

分別以「線條」和「塊面」的手法來表現的側面女人體。由此圖可以看出，不同的運筆能夠產生迥異的畫面效果，但是，無論運用何種描繪手法，正確的人體概念是成功的重要基礎。

7

背面人體的分析比較

背面人體與正面人體的比例關係基本上是一樣的，只是在頭部、臀部、手部以及腳後跟有所不同：

■頸部可以看到後頸項。

■肘部的圓球與圓柱的關係。與正面的肘部剛好相反。

人體背部和臀部的起伏比較微妙，因此不太容易表現。斜方肌與頸部的穿插關係、肩胛骨突起的最高點、脊柱的走向、臀部「蝴蝶肌」的形狀——這些都是表現正背面人體的關鍵點。在繪畫過程中，有時只要寥寥數筆就能夠表現得很傳神。

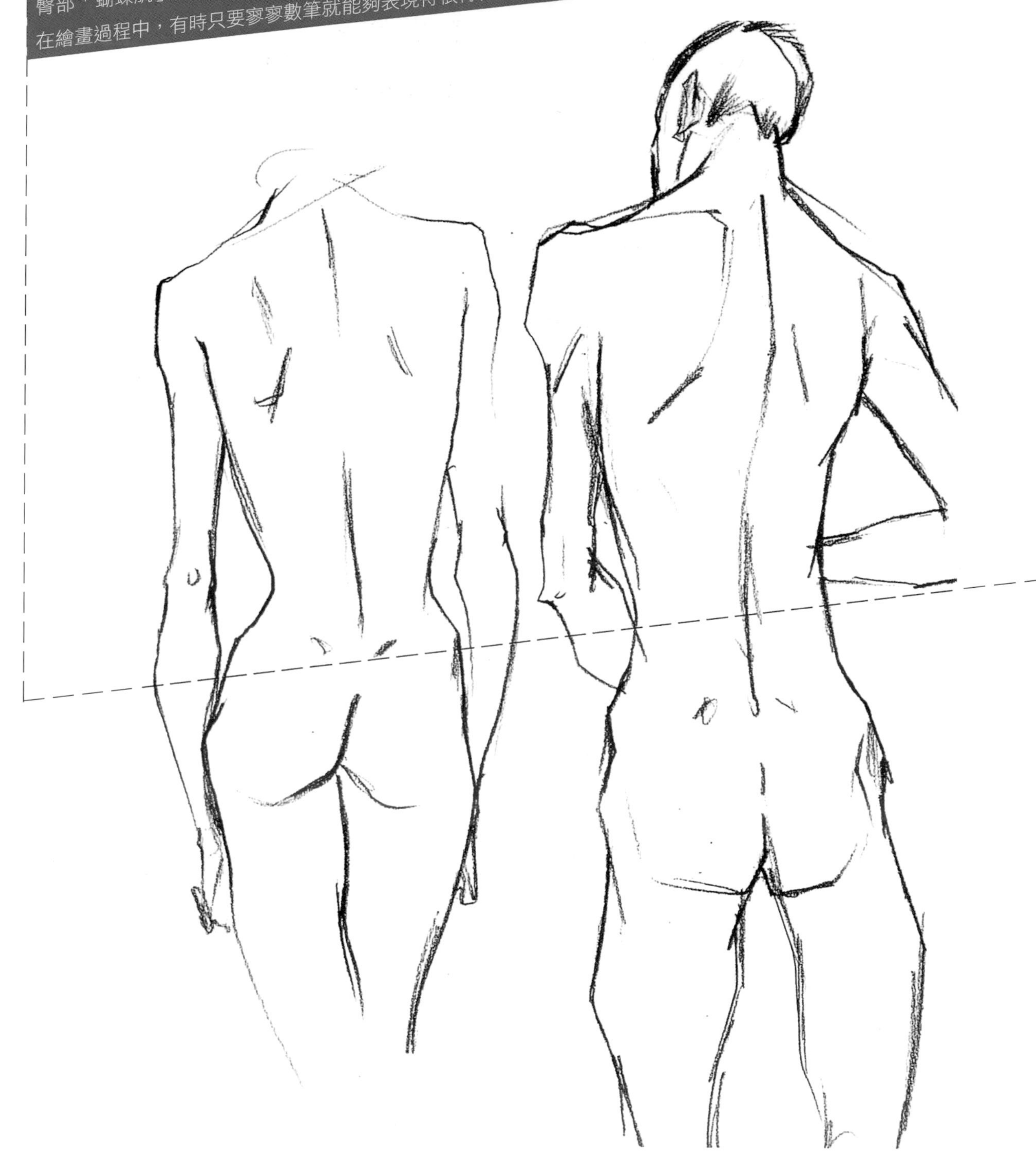

分析一下本頁的背面人體動態：

■重心線和中心線保持一致，但肩線和腿部線條因為運動而發生變化。人體的肩線與胯骨線發生變化，兩條線的運動軌跡剛好呈相反方向；反之亦然。

■胯骨點b與b’處大轉子c與c’在同一水平線上，並且到後背中心線的長度基本上是一樣。

■以水平線為參考，肩點a點比a’低。

8

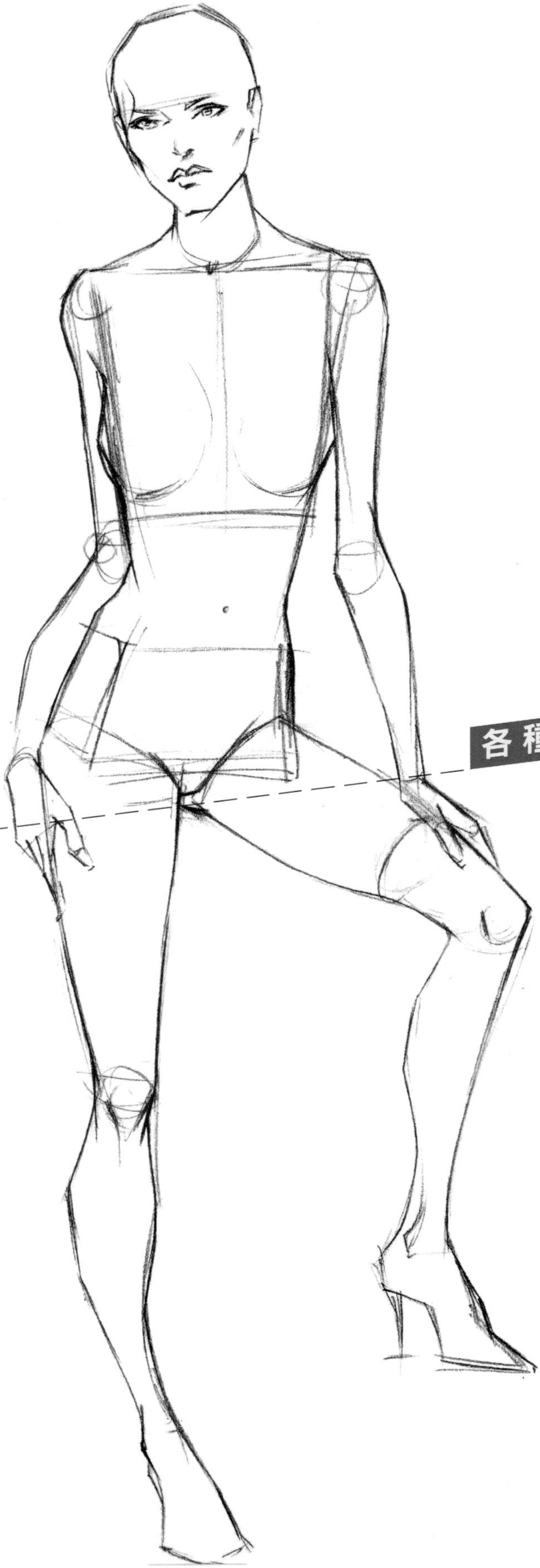

人體的動態變化無窮，但是模特兒是用來展現服裝，故其姿態有著一定的規律可循。例如蹲、躬、趴、跪等不利於展示服裝款式，所以這種姿勢在服裝效果圖裡並不常見：舒展、挺拔的人體姿態比較受到青睞。

這些動作是服裝設計師比較偏愛的。許多設計師在開發新一季產品時，往往採用一個模特兒姿勢作為模版，然後將新設計的款式逐一套畫在上面。

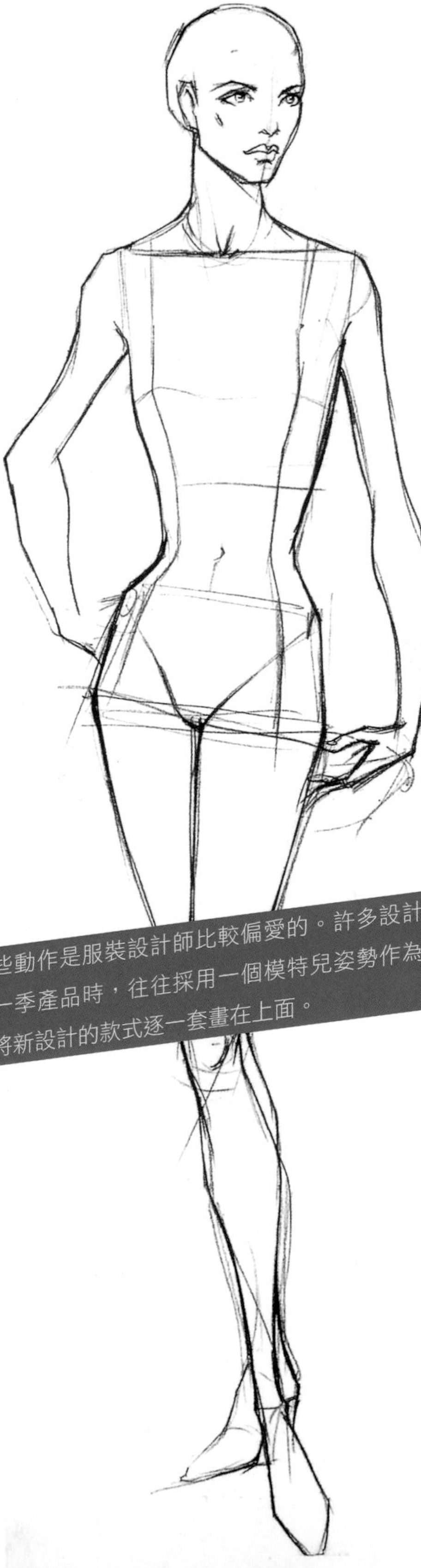

擁有優秀造型能力的習畫者可以「追蹤」更具動感的人體姿態——尤其是在瞬間產生的人體動作，這對於加強畫面的「敘述性」和渲染整體氛圍都有極大的幫助。這一階段可以增加速寫練習，提高觀察能力和手、眼協調的能力，並在腦中儲存大量的人物動態。

好的人物動態是一幅服裝畫成功的必要元素。尤其是當你捕捉到異於尋常的那一瞬間，並且準確的表達出來時，一定可以引來旁人欣賞的目光。

9 男人體與女人體的比較

男性與女性因為生理特徵不同致使雙方的外型體態有很大的差異。正確掌握男女體型對於今後的設計工作才能夠有助益。

下面分列的是男女人體在整體外觀上的主要區別：

■男性的頸部較粗，而女性則顯得纖細。

■男性的肩寬約有兩個頭多一些，而女性的肩部較窄，寬度為略小於兩個頭寬。

■男性腰部較女性粗。

■男性的胯骨較女性窄，軀幹呈倒三角形，女性則剛好相反。

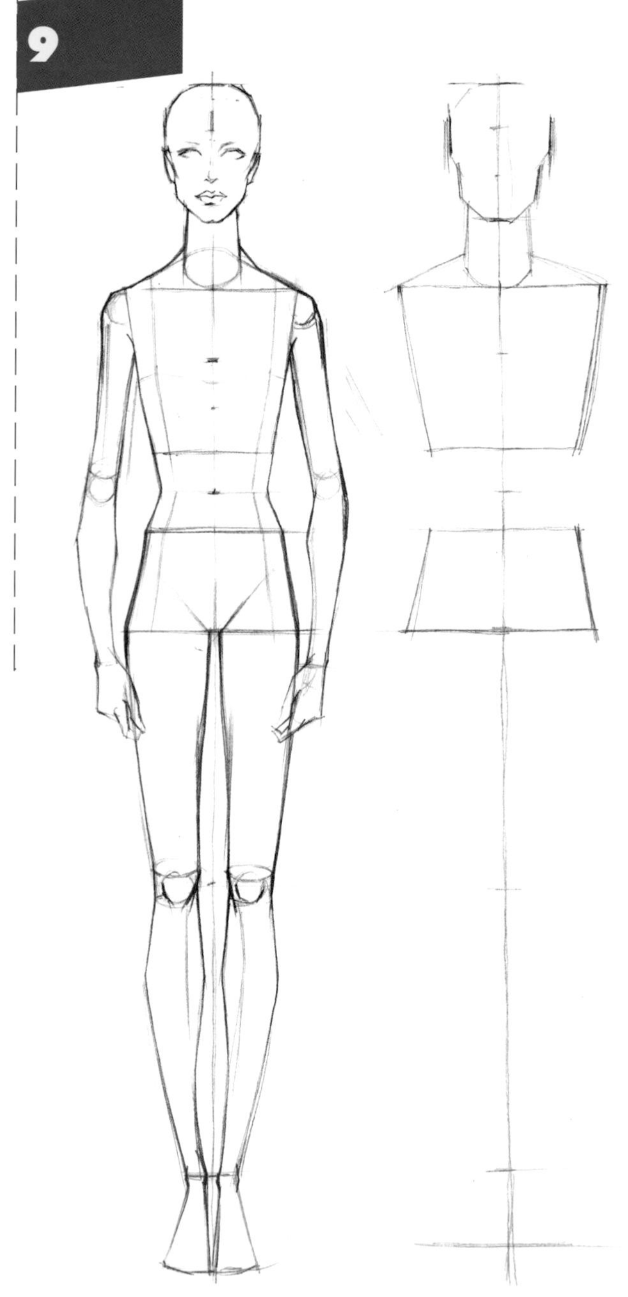

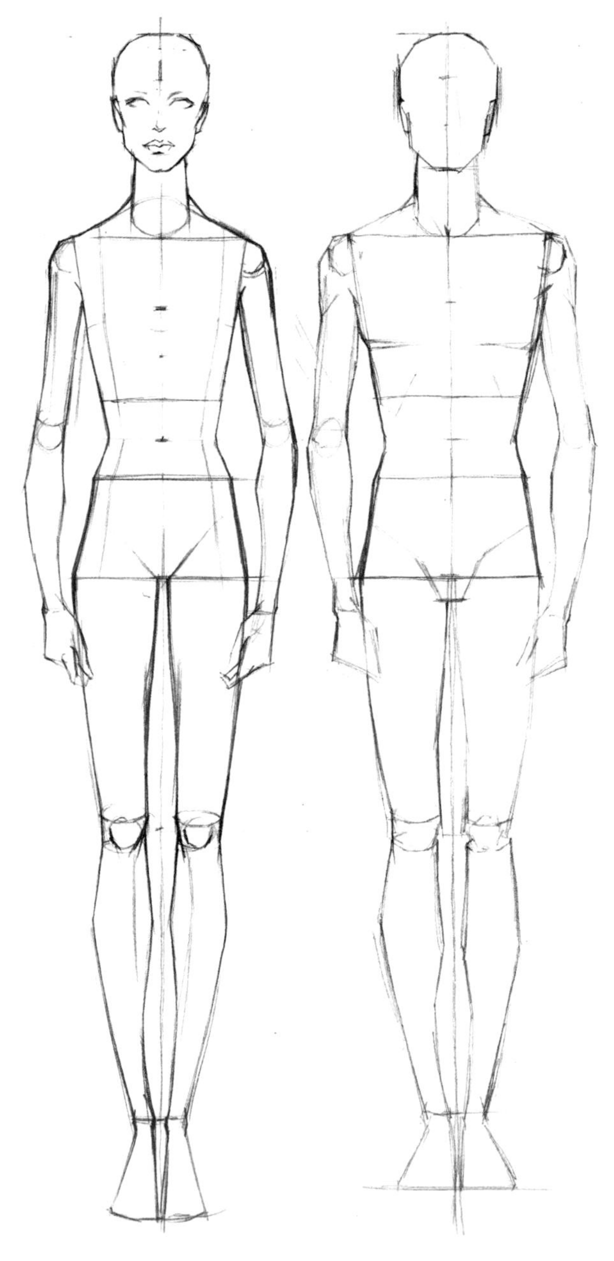

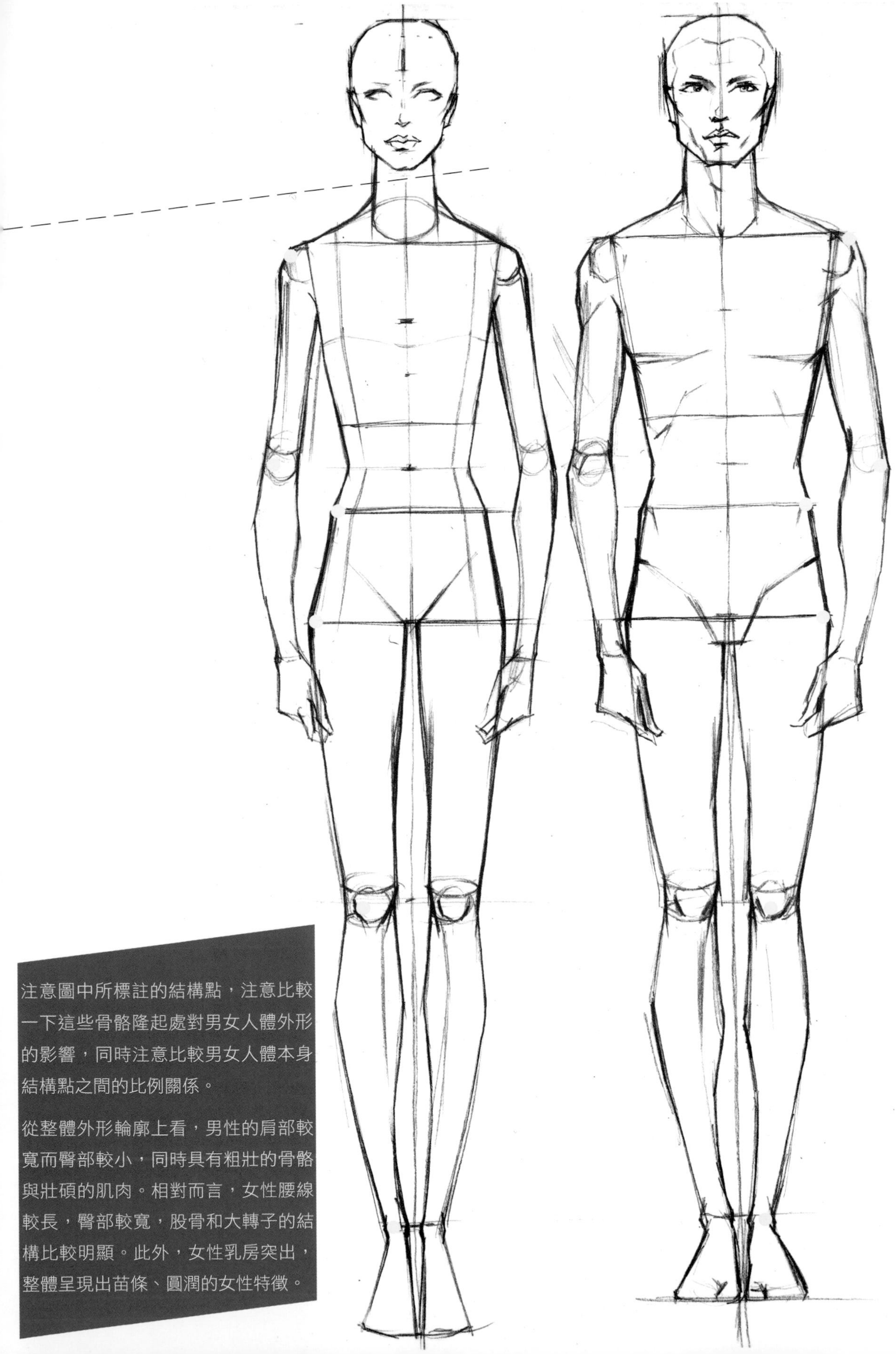

注意圖中所標註的結構點，注意比較一下這些骨骼隆起處對男女人體外形的影響，同時注意比較男女人體本身結構點之間的比例關係。

從整體外形輪廓上看，男性的肩部較寬而臀部較小，同時具有粗壯的骨骼與壯碩的肌肉。相對而言，女性腰線較長，臀部較寬，股骨和大轉子的結構比較明顯。此外，女性乳房突出，整體呈現出苗條、圓潤的女性特徵。

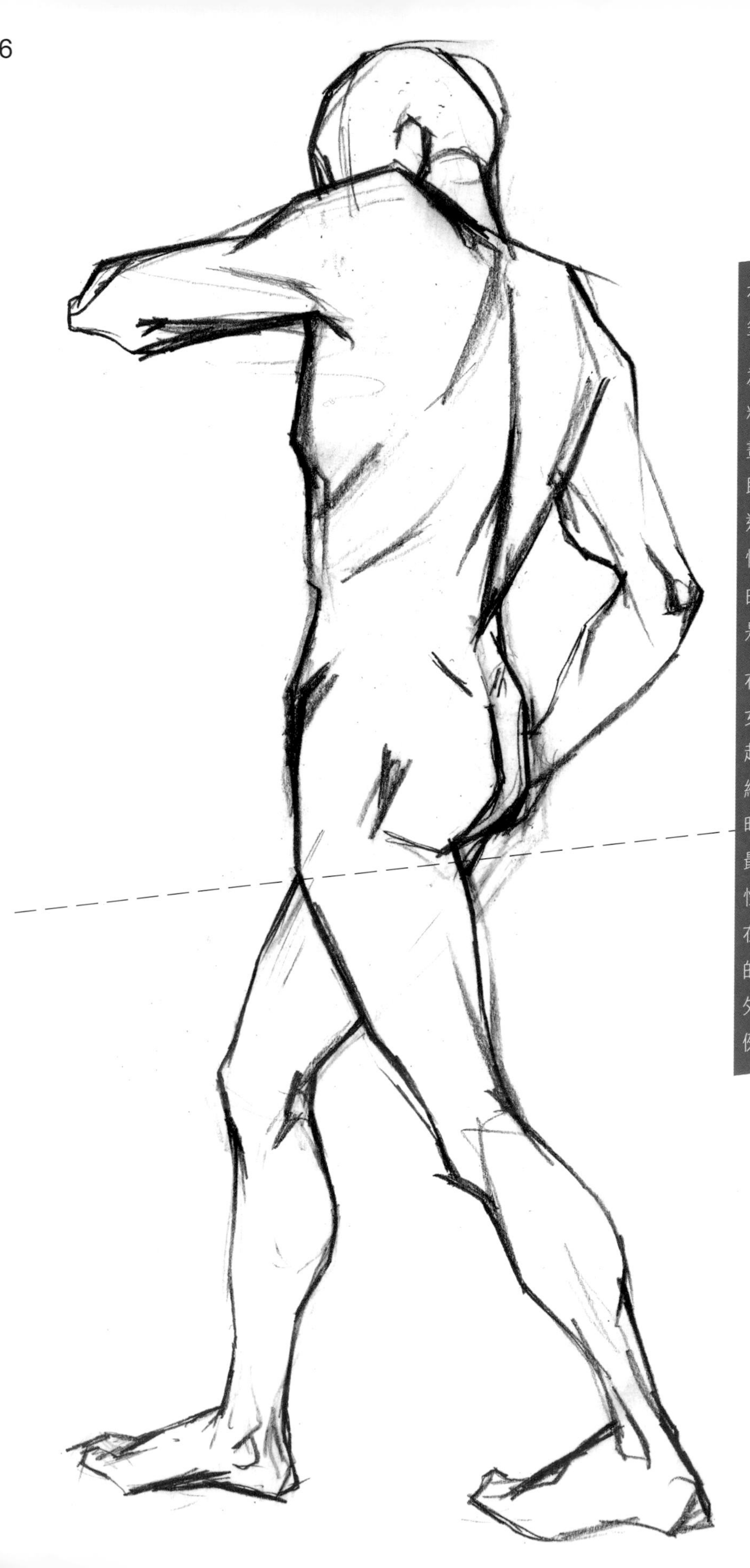

在表現男、女人體時，可採用不同的筆觸來處理。

為了強調男子的性別特徵，可以用較粗的線條進行勾畫，有時在已完成的畫稿上，甚至連最初起稿時的結構輔助線和修改的筆跡也不用擦去，因為這有助於烘托男性的粗獷美。由於男性的皮下脂肪較少，因此在人體的彎曲部位儘量用小段的折線連接，而不是用長而順滑的曲線來表現。

在表現女性人體時，情況恰恰相反，女性較多的皮下脂肪使身體輪廓線的起伏柔和而優美，因此適合運用長曲線表現。值得注意的是，在最初起稿時，女性人體的比例關係和肌肉穿插最好也都表現出來，雖然這會造成女性身體顯得與男性身體一樣壯碩，但在後期處理時，可以擦去這些輔助性的線條，用乾淨、順滑的線條勾勒出外部輪廓線，這樣就可以得到一個比例結構合理的女性人體。

10

頭　部

頭部比例結構對於服裝畫來講是至關重要的。在服裝畫創作中，對人物的化妝、髮型、頭飾等方面的再設計可以為畫面營造出強烈的時尚氛圍。要求學習者對頭部進行深入描繪，可以使他感受到流行的脈動，同時也可提高繪畫技巧。

本跨頁服裝畫作者：

① 李然
② 唐卓華
③ 肖婷
④ 敖勇
⑤ 谷悅
⑥ 劉瀅璐
⑦ 范艾穎
⑧ 董斯琪

不同的作畫工具可以表現出風格多樣的人物頭部，其中對於髮型和眼部化妝特徵的處理，最能夠表現出時代感。

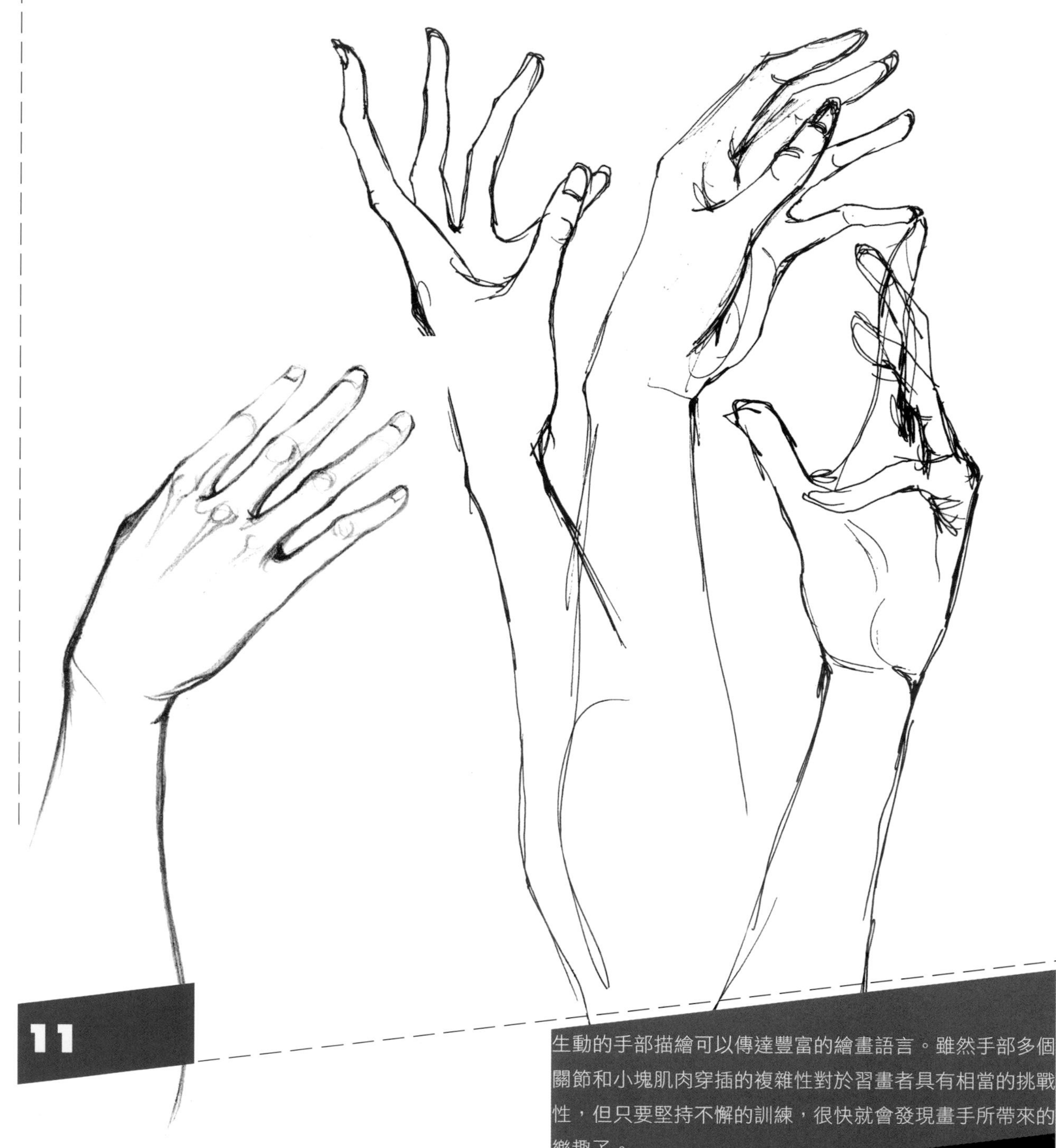

11

生動的手部描繪可以傳達豐富的繪畫語言。雖然手部多個關節和小塊肌肉穿插的複雜性對於習畫者具有相當的挑戰性，但只要堅持不懈的訓練，很快就會發現畫手所帶來的樂趣了。

畫手時，我們可以將手的結構進行幾何化處理，將其簡化為幾個塊面：手掌是一個不規則的梯形塊面；手指可以處理成為一截一截長短不等的圓柱體；關節處則依舊以圓球體來表現。

12

在服裝畫的創作中，鞋子是傳達時尚訊息很重要的一個部分，它與服裝相互輝映，共同營造服裝的整體感覺。仿照人體的幾何化一般，將腳也簡化為幾個大的區塊——腳趾為圓柱體、腳掌部分為梯形、腳後跟處理成圓球形狀。掌握住腳的結構之後，再將鞋子套畫在上面就可以了。在套畫的過程中，當然要注意鞋子與腳的吻合度以及鞋子上各個部位（例如縫線、鞋帶、裝飾物等）的大小比例。這裡介紹了許多時髦鞋子的畫法，請仔細觀察高跟鞋與平底鞋的不同穿著狀態。

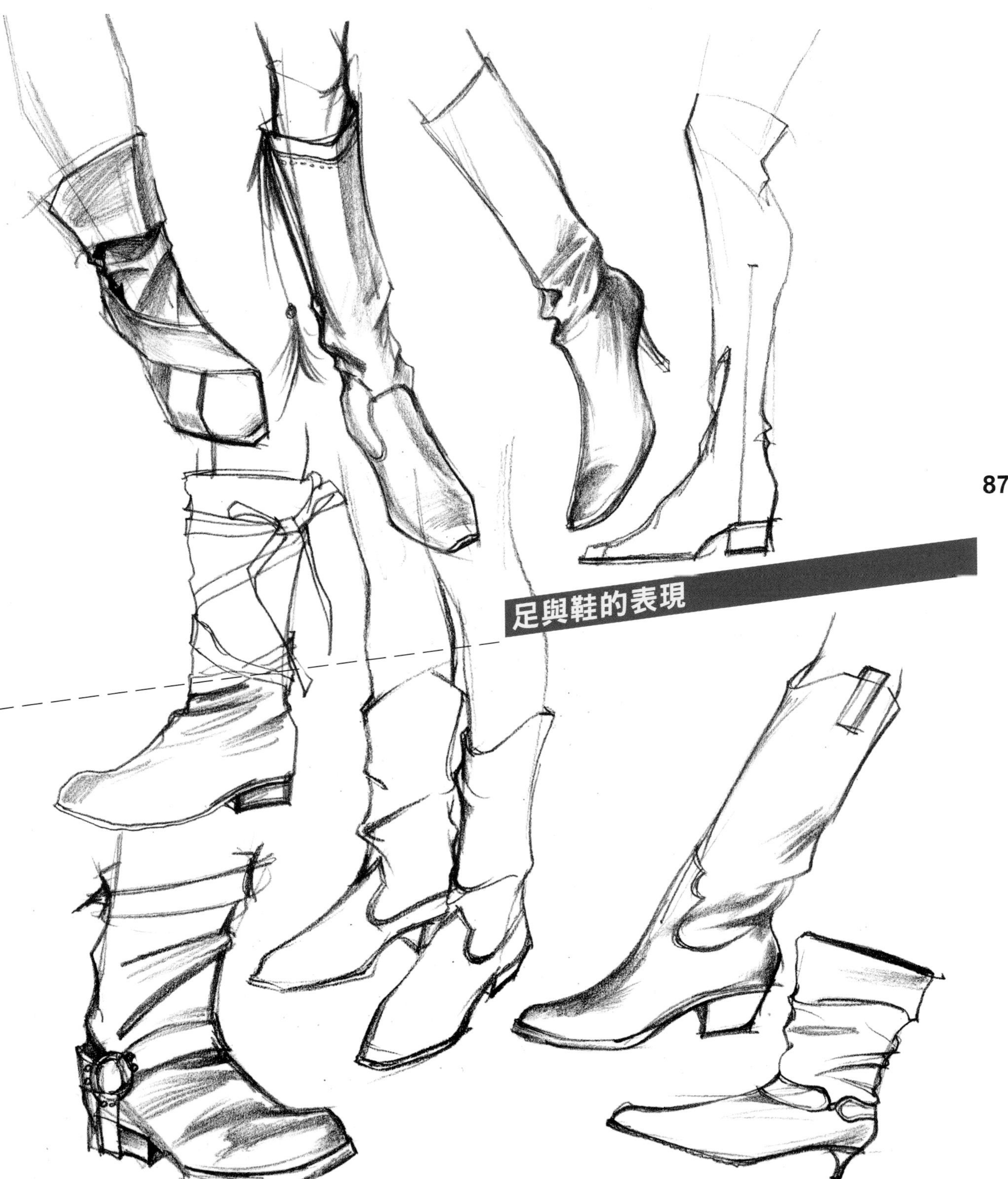

4

第4章 人體與服裝的關係

服裝被穿在人體身上之後，就會與人體產生各種不同的空間關係。

一般而言，人體的肩、肘、胯、膝等關節突出部位經常成為服裝的支撐點，在人體的其他部位，服裝會隨著肢體的運動，時而與之貼合時而與之分離，於是，在兩個支點之間就會形成皺褶。同時之間，在地心引力的作用下，布料還會產生垂直於地面的皺褶——因此，在勾畫人體著裝圖時，應該時刻牢記衣紋的效果多是由這兩種作用力的合力所造成。因此，下筆的每一根線條都應當力求符合科學原則，絕對不能隨心所欲的憑空捏造。尤其是服裝效果圖攸關服裝的實際生產，所以對效果圖的要求就更為嚴謹。

泳裝及緊身服裝是完全緊貼人體，因此在繪製這類服裝效果圖或服裝畫時，對造型的要求完全集中在對人體結構的精準掌握上。在這一跨頁的泳裝效果圖中，只需先準確的畫出人體，然後將服裝套畫在上面就可以了。作者從自己平常的作畫和教學中，深切的體會到，一旦人體形態畫得不夠精準，那麼附著其上的衣服型態必定也是走樣的。

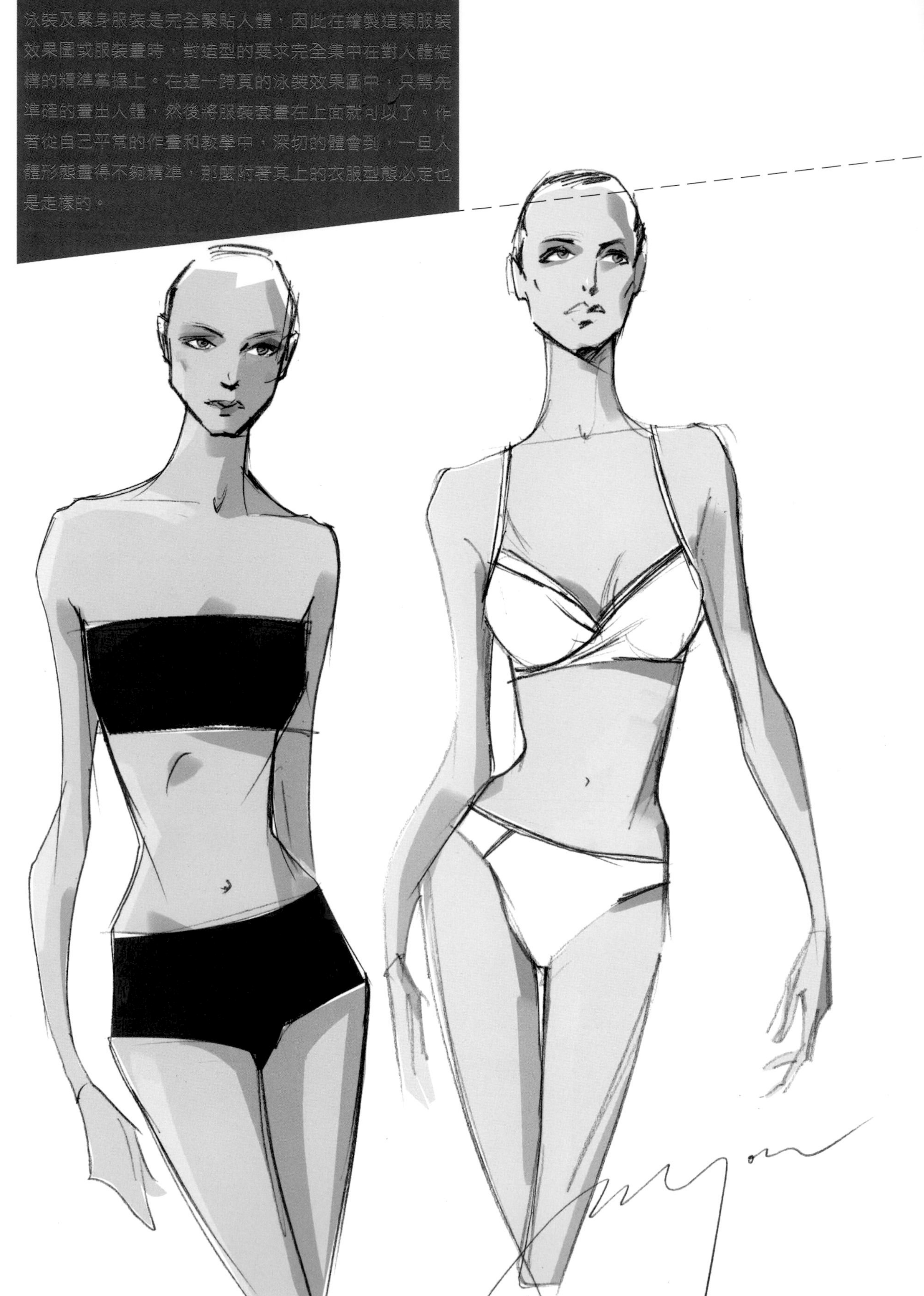

在本頁的服裝效果圖中可以看到，在重力作用下裙襬的懸垂走向以及在肩、腰胯部分服裝與人體的貼合狀態。請注意袖子和肩臂的離合關係。

作者特別強調在繪畫的過程中，要將人體和服裝的關係作為研究的重點，經過如此嚴格的訓練之後，即使人體外面覆蓋有服裝，繪者也能夠藉由描繪服裝的輪廓和衣褶的動態，客觀反映出隱藏的人體，並且準確表現出服裝與人體之間的相互關係。如果繪者只是描繪可視的部分而不去深入探究物體的內部結構，最終可能會造成部分造型失真，畫面整體缺乏應有的說服力。

在以服裝照片為參照的服裝畫訓練中，我們應該練就一雙「透視眼」，也就是能夠將著裝的人體抽離出來，由內往外畫，亦即先描繪出人體，再將服裝「穿」在人體上。

2 如何將服裝與人體相結合？

3 範例分析

由作品當中可以看出來，這位作者在繪畫時，對人體和服裝的關係從結構上做了理性的整理。（作者：李穎）

此幅作品中，人物姿態比較生動，人體與服裝之間的關係也刻畫得比較準確，只是模特兒的頭部略顯大了一些，顯得有些不成比例。（作者：王飛）

①｜②

這兩幅作品在人體動態、比例結構和形態表現
分準確和深入，尤其是透過線條的疏密和方
化，充分交代出表面的明暗轉折，使人物形象
飽滿，服飾特徵非常生動，在服裝的表現上
頗為成功，可以看出作者擁有比較紮實的繪
力。（作者：①李曉希 ②毛婧瑤）

毛婧琦

造型能力不僅表現在對人體比例的掌握和對五官四肢的刻畫上，也表現在畫者的筆觸運用上。這幅作品當中，作者在上衣部分多用較短的切線以表現出硬挺的質感，而裙子則用綿長的曲線來表現柔軟、懸垂的特徵。（作者：牛健）

① | ②

右頁是兩幅表現晚禮服的作品。晚禮服與泳裝一樣，對人體結構的準確性有著比較嚴格的要求。作者首先嚴謹的繪製出人體框架，然後再將服裝套畫在上面。兩位作者不約而同都是運用流暢、細膩的筆觸來表現絲綢服裝的特質。（作者：①劉一博 ②劉瀅璐）

作者在確定模特姿態和比例之後，有力的勾勒出人物的著裝效果。不僅線條連貫流暢而富於變化，而且細節部位（如拉鏈、釦袢）也表現出明確的圖式，傳達出作者清晰的設計意圖，也給觀者留下一種完整、全面性的印象。（作者：敖勇）

04712 05.4.21

5 第5章 服裝畫的形式語言分析

把服裝畫的各個構成因素加以分解與研究，才符合學習的邏輯性，因為唯有充分掌握每個構成元素，再進行整合研究，才能有效的避免盲目的學習。

當我們欣賞一幅作品時，在絕大多數情況下一定是被整個畫面所吸引與感動，僅僅只為了一根線條或是某塊顏色而讓人血脈賁張的情形終歸少見。由此可以得知，一幅畫雖然由不同的單元組成，但其最後的藝術效果並非是單元之間的簡單相加，而是彼此有機結合以後所產生的效應。

我們可以根據以下幾個方面展開對服裝畫的造型語言的分析，其中分別是：形狀、色彩、構成原則。

1 形狀以及點、線、面

任何物體都有其形狀。也就是說，物體都可以被概括成為
的幾何形狀（正如我們對人體進行抽象化一般），這種簡
程有助於我們觀察和掌握物體的外在規律。

人們日常所看到的服裝畫和服裝效果圖，多是二維的表現
（在服裝畫中表現透視感、縱深感、空間感的作品相對較
特別在服裝效果圖中基本上摒棄了對三維空間的表達），
不意味著繪畫者可以置「形狀」的三維知識於不顧，因為
設計最終要解決的還是人體與服裝之間的空間關係。因此
畫者一定要具備很強的三維空間觀念，而不要被類似於服
果圖中那些前視圖、背視圖和側視圖所呈現出來的平面化
給迷惑住了——因為那只是將三維立體關係按照平面視覺
理方法進行的解構和重現。

點、線、面是造型藝術的三大基本要素，它們的組合構成
種各樣的型態，服裝與人體當然也不例外。

所謂「點」，在幾何學中指的是沒有長、寬、厚而只有位置的幾何圖形，點是剎那間形成的最單一、最簡潔的形象，它的誕生似乎沒有時間過程，這種排斥時間因素的特點使「點」帶給人們的心理感受是果斷、靜止。在一般人的視覺心理中，「點」的形態總是與「圓」畫上等號，這大致與它瞬間形成的封閉感有關。然而在藝術造型中，「點」的含義就要廣泛多了，方圓形、梯形、三角形、五星形、菱形，甚至不規則的團狀面積在一定程度上都可被視為「點」的衍生物。

所謂「線」，在幾何學上指的是一個點任意移動所構成的圖形。隨著點的不同運動方式，又可以衍生出無限豐富的線型，例如樸素簡練的直線、侷促尖銳的折線、柔和而內含張力的曲線、起伏跌宕的波狀線……因此，線條不僅是制約著物體表面形狀的、客觀事物存在的一種外在形式。同時，不同的線還會給觀看者帶來諸如光滑、粗糙、纖弱、結實等不同的心理感受。

所謂「面」，是由線條圍合構成的圖形。面的形狀可以千姿百態，但就其內在性格來說，「面」所表現的是充實、厚重、整體、穩定的心理感受。

your's design
040805

對於服裝畫而言，主觀顏色的表達是極為重要的關鍵，也就是創作者必須努力表現出對於色彩的主觀認識。因此，在色彩的基本訓練中，除了對組成色彩三要素的「色相」、「明度」和「飽和度」進行有系統的學習之外，每種色彩以及色彩組合所引發的感情感受也應當要充分去了解與應用。

對於服裝效果圖而言，則要求繪畫者應當儘量從實用的角度出發，真實客觀的反映服裝的色彩關係，有時甚至可以從布料供應商所提供的樣本中選取服裝的顏色。別忘了，效果圖的功能並非只是為了傳達一種藝術感覺，它最終的目的是引導服裝的實際生產。

3 構成原理

形狀和顏色在服裝畫的畫面中必定是一個有機的整體。可是，形狀和顏色彼此之間又是遵循怎樣的原則結合在一起的呢？這當中就牽涉到「構成原則」的問題。

我們所談論的原則是一種經驗上的提煉，不過，原則的掌握只能解決理論上的認識問題，如何運用這些理論知識創作出高水準的服裝畫，主要還是取決於各人的審美判斷力以及繪畫技巧的優劣。

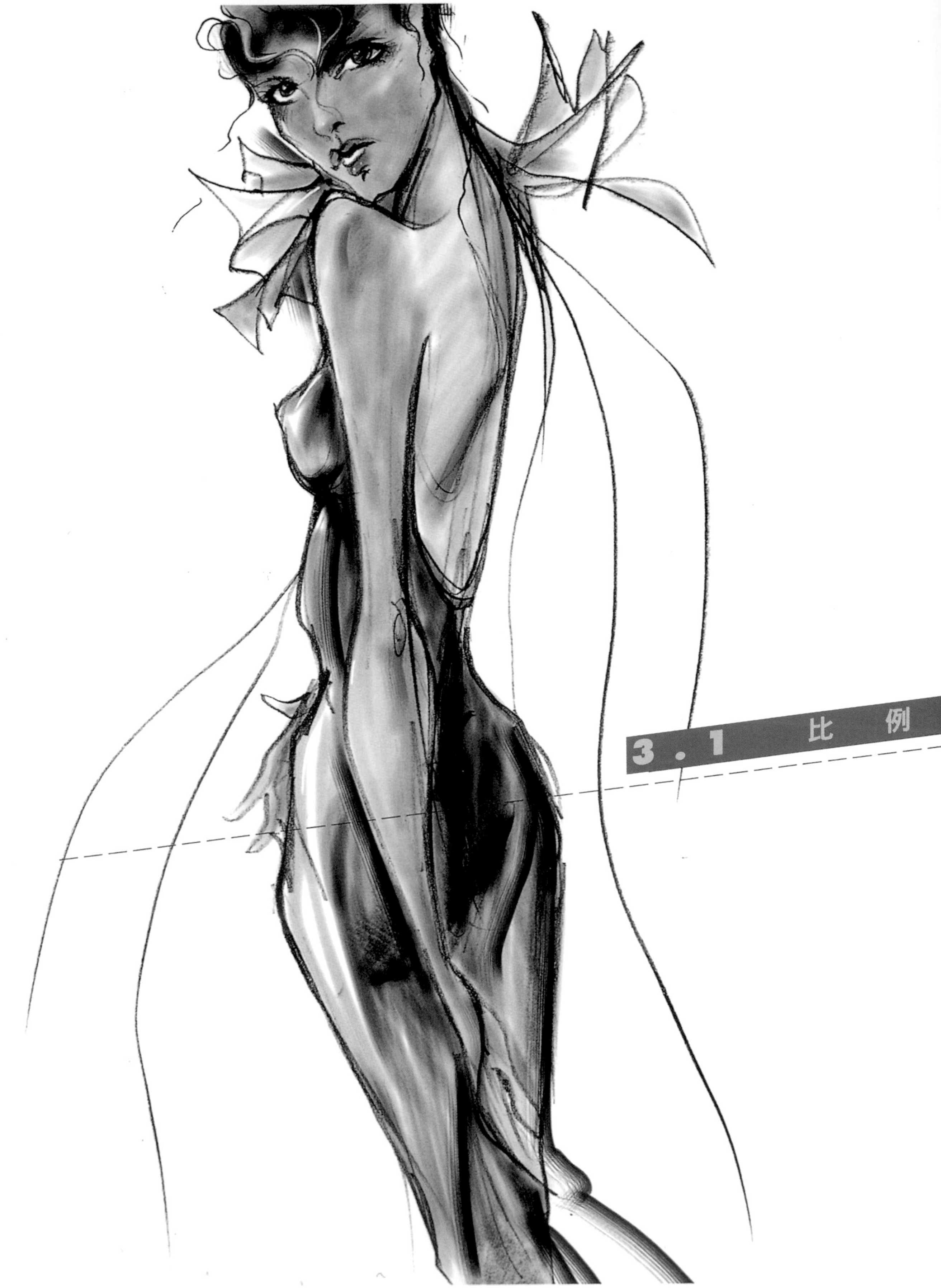

3.1 比例

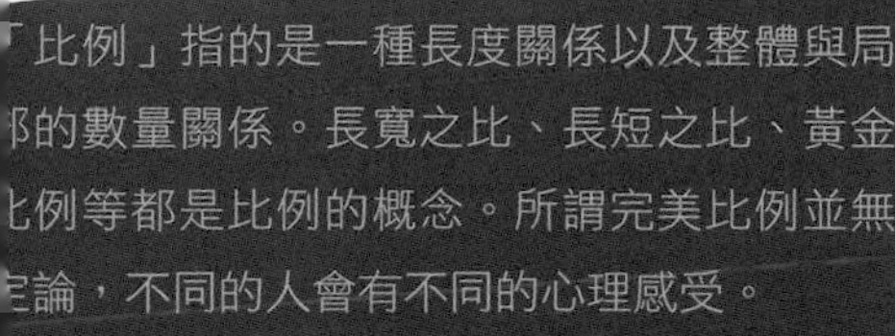

「比例」指的是一種長度關係以及整體與局部的數量關係。長寬之比、長短之比、黃金比例等都是比例的概念。所謂完美比例並無定論，不同的人會有不同的心理感受。

繪畫者對於形狀與色彩比例的選擇，往往就是創意設計的一種過程。在服裝畫中，這種比例分配是比較感性的，主要依據整體構圖和所要渲染的畫面氛圍而設定，有時會選擇比較極端的比例關係，例如將人物擠壓在整個畫面的一側，或是有意誇大或拉長服裝的局部以突顯整體的印象。而在服裝效果圖範圍內，這一原則更經常被落實在一款服裝的設計上面，這是一種更加有針對性和更為嚴謹的論證過程，是現代服裝設計原理中一個重要的組成部分。

「平衡」也可稱為均衡，也就是在視覺中心兩側即使形式不同，仍可產生一種大致等量的關係。在天平的左右放置等量物體時即可取得平衡狀態，如果左右重量不同，則須移動支點以取得平衡。如何在畫面中取得一種平衡的狀態，主要取決於畫面中的形狀和色彩的排列組合，由此即可產生豐富多彩的畫面效果。

平衡一受到破壞就會造成「運動」。點的排列軌跡、線條的走向、面的形狀等等都有可能形成運動。服裝畫中通常以充滿動感的著裝人物來傳遞時尚訊息，而服裝效果圖則為了更加清楚的交代設計重點，所以通常會採用平衡式的整體構圖和對稱式的服裝表現方式。

3.2 平衡與運動

3.3 節奏與韻律

「節奏」是由線條、形狀、色彩、畫面結構等相互作用並藉由規律的反覆所產生的感覺。當畫面的形狀與色彩等排列的方式十分雷同，形成重複而又呈規律性的變化的時候，韻律感也就自然產生。節奏是簡單的韻律，韻律是豐富的節奏。從感受層面而言，節奏強調的是次序，韻律突出的是生動。節奏和韻律還不僅僅只是由形狀產生，形狀與色彩的結合會發生更為豐盛的視覺效果。

3.4 調和

「調和」是事物間一種相似的狀態，強調統一感。不同的形狀和顏色放置在一起也許不夠調和，但是藉由改變其相互比例關係，或是調整其間的節奏、韻律，即可使之達到平衡。這種「變化統一」或稱為「多樣統一」，在形式語言的運用中是相當有效的。

第6章　自我風格的拓展

在前面兩章當中，本書對人體以及人體與服裝的關係作了探討，希望能幫助讀者學會一種基本的觀察方法，並對人體的基本結構、比例以及與服裝之間的關係有一個比較清楚的了解，然而這顯然是還不夠的。

獨特的構圖視角、與眾不同的運筆用色、匠心獨具的設計概念——它們共同組成一種強烈的視覺信號，這就是「風格」。「風格」中蘊涵著一位服裝畫家的價值觀念、知識結構、情緒意趣和創造能力，因此「風格」通常成為衡量其藝術品位高下的重要依據。能夠藝術化的傳達自己的設計概念，不僅是服裝畫家，也是服裝效果圖創作者的終極目的。

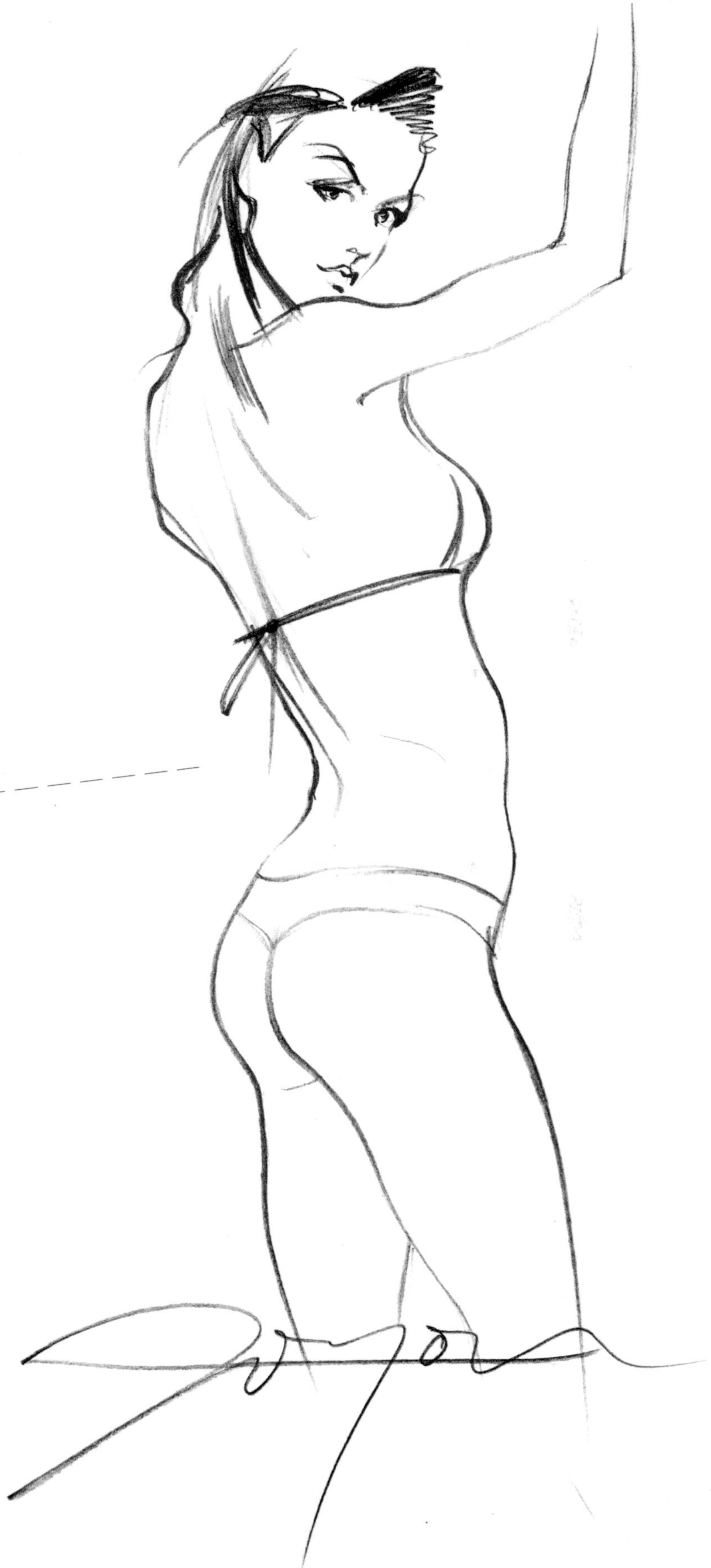

1 從服裝照片到服裝畫

透過「將服裝照片轉化成為服裝畫」的訓練方式，可以使學習者從以下幾個方面獲益：

■當今的時尚媒介中，服裝照片可以傳遞出非常豐富的流行資訊，對於服裝照片的選擇過程，也可以被視為是「對自身的時尚敏感度和審美結構進行調整和提高」的一種過程，它將會重大影響繪畫者對未來設計的掌握和判斷。

■臨摹其他藝術家的繪畫作品有助於提昇自己的繪畫能力，但是這個過程將使你始終處在他人的造型手法和心念體驗之中。從服裝照片轉化到服裝畫的過程與臨摹他人服裝畫的最大區別是，由於沒有現成的模式，繪畫者就會在主題選擇和形式語言上，加入自身的思考和分析，於是在無形當中逐漸建立起自己的風格。

■攝影與繪畫之間，某些創作原則是相通的，例如構圖、明暗對比、色彩運用等等，經過大量的觀摩照片與實際著手繪畫，就會在潛移默化中影響自己對時尚的品味。

以服裝照片為藍本進行服裝畫創作時，應注意「再創造力」的發揮。依照服裝照片進行服裝畫的創作，其目的不是把照片上的內容完全的複製，而是要加入繪畫者本人對於時尚的理解和詮釋。請注意範例中的服裝款式、服飾局部造型和用色上的變化。

2 學生作業分析

① | ②

對於這兩張挑選出來的學生作品，也許有的讀者會對本書作者的用意產生疑竇，因為無論從構圖立意，還是從繪畫技巧上來看，它們顯然都不是最好的，甚至還存在著明顯的缺點，例如五官比例不夠準確，細節刻畫不夠深入，筆觸略顯潦草零亂等等。儘管如此，我們卻可以透過畫稿看出畫者正努力嘗試形成某種繪畫風格——即使這種風格的確立是建立在摹仿的基礎上。

作者在此借用了英國新銳女插圖師麗貝卡·基欽的作品作為參照，從中可以看出，鬆弛的線描、隨意的筆觸和雜亂的水彩色塊同樣可以塑造出鮮活的人物形象，並且更有助於渲染出摩登的生活氛圍。這兩張作品的作者由於缺乏紮實的繪畫基礎和對作畫工具（水彩）的嫻熟掌握，致使畫面沒有呈現出足夠的美感，但是從中反映出來的「風格」意識的確立卻是值得肯定的。（作者：①②范艾穎）

我們時刻要提醒自己「繪畫語言」與「攝影語言」之間的差異。從本質上來講，服裝畫是一項創造性的活動，它的目的不是簡單的在紙上重現攝影對象，而是要根據自己的創作需要將各種分散的元素進行重新的組合，有時甚至可以僅憑一幅照片所呈現出來的氣氛而重新創作出一幅內容全新的服裝畫。另一方面，從具體的方面而言，照片是對實物影像的捕捉，是一種發生在「瞬間」的藝術創作活動。而繪畫則是由作畫者以點、線、面作為基本構成元素，按照一定的形式美法則來進行組織、構建圖像的創造活動，因此，它需要有一個時間的過程。

這幅作品的色調素雅卻不失輕鬆，人物放鬆的姿態與飛揚的衣裙非常和諧，有著極佳的畫面氛圍。（作者：李玲潔）

① ②

參考服裝照片進行服裝畫創作時，可以根據所要表現的對象，例如服裝類型、布料材質、穿著形態、人物姿勢等來選擇適合的作畫工具，例如範例1中，作者運用輕鬆的筆觸和明亮的水粉顏色，突顯了輕鬆隨意的主題。而範例2則用鉛筆素描的方法，塑造出健碩的體型和柔軟、貼身的服裝，表現出桀驁不馴，又性感美麗的的叛逆者形象。（作者：①姜亞芳 ②李峰榮）

這是一名韓國留學生的作品，從中可以看到，繪畫者在表現服裝的質感和肌理上著墨較多。如果能在造型上有更多一些個人風格的突破，效果將會更好。（作者：張素美）

作者捕捉到了時尚中Unisex（中性）的主題。（作者：焦玲）

寫實的繪畫風格能夠非常明確的交代和服裝相關的各種訊息，例如款式細節、布料顏色、圖案紋理等。但是若過分追求真實感，也往往容易令服裝畫的風格大打折釦，在自己一貫的寫實基礎上如何使畫面的構成不再流於一般，這恐怕要到其他類型的藝術當中去吸取養分了。（作者：谷悅）

這幅作品有些印象派的風格，如果筆觸的方向、大小能夠再講究一些就更好了。（作者：劉源湘）

①　②

由作品中可以看出，作者有很好的藝術感覺，人物的姿態和眼神都刻畫的非常生動。美中不足的是這兩幅作品中，模特兒的腰、胯關係都表達得不夠準確，雙腿也被過度拉長了。如果作者從形體上能夠畫得更準確一些，作品也將會更臻成熟。（作者：①②毛婧琦）

7

第7章 服裝設計效果圖與服裝設計

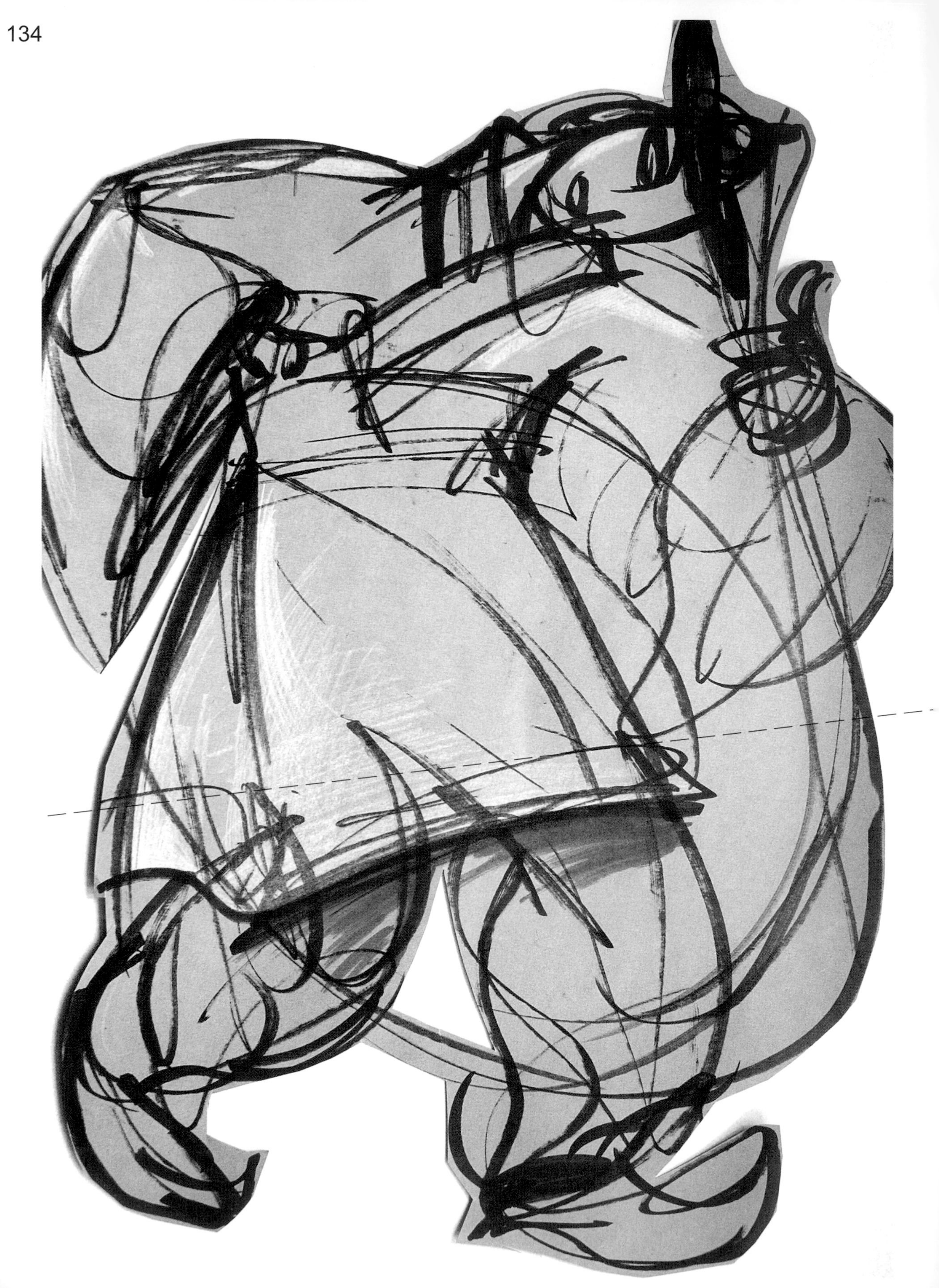

服裝設計效果圖
與
服裝設計

為崔健演唱會的一段舞蹈所做的服裝設計。
《舞過38線》，
雪天 雪地 雪花
它慢慢的不再刺激
北風吹進我的夢裡
我沒有醒 也沒有恐懼

藍天 草地 野花
它慢慢的失去了美麗
北風吹起了我醉意
我不願醒 也不願放棄

別問我為什麼
別試著叫醒我
等我做完這個夢
等我唱完這首歌

在歌曲意境的基礎上，服裝設計取自朝鮮族的民族服裝，在結構變化以及所用的牛皮紙材料是設計的重點。

2006年中國國際服裝週，諾基亞全新「傾慕」系列手機在中國市場正式發表，當時由作者負責一場名為「傾慕」的服裝秀，這場服裝秀中展示的服裝靈感均源於諾基亞最新的「傾慕」系列手機。

O R N O K I A

功能與時尚並重是現代工業設計中的不二法則，手機也不例外。在設計的最初，我最先想到的是手機和服裝同為現代工業設計產品，我如何在其中找到最佳的契合點。最後，我決定透過對當下審美意趣的整理歸納，找到統一的人文氣息和某種精神內涵。

「傾慕」系列手機具有女性浪漫主義氣息，所以在服裝材料上，我決定大量運用雪紡、薄紗、軟緞、織錦緞以及棉布等柔軟、飄逸的布料；在圖案上，則採用花草或蔓纏的枝籐，以印花、刺繡、立體點綴等形式裝飾於服裝上；在結構處理上，則是採取獨具匠心的不對稱式設計、解構主義、拼接處理、鏤空變化、疊透效果等造型手段 ……透過這一系列的有機組合，從而將東方風尚與奢華氣質集於一身。

DESIGN FOR NOKIA

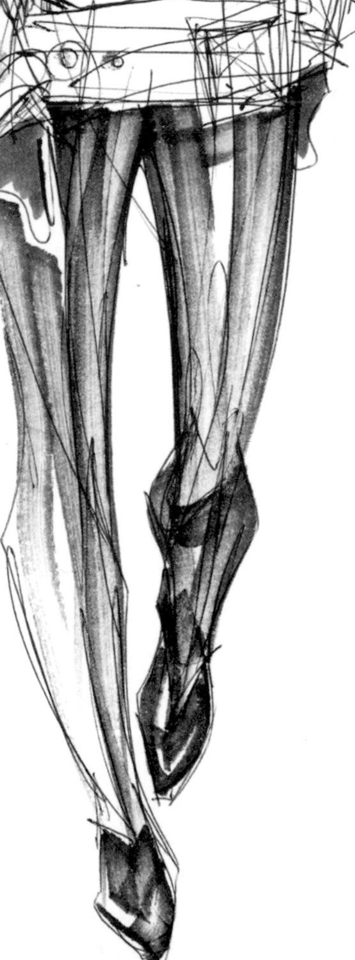

DESIGN FOR NOKIA

OKIA

2005年中國國際服裝週，這是我所做的「片刻而已」服裝概念展的幾款設計。比較一下效果圖到成衣的整個設計過程，可以看到在設計效果圖的表現上我完全沒有畫人體，而是完全用筆思考服裝的結構關係，也就是說，設計效果圖已經完整表達出我的設計概念。

8

第8章

手繪服裝畫與數位服裝畫

嚴格說來，「手繪服裝畫」與「數位服裝畫」二者在藝術品質上並無高下之分，它們的區別主要在於作畫工具和繪製過程的不同而已。然而，如果一定要在二者間找出差別，其不同之處詳述如下：

手繪作品的每一根線條和每一塊色彩都是繪畫者在短時間內迅速完成的，其間包含的偶發性和隨意性可以透露出個人的意趣品味，例如線條的粗細轉折，色彩的濃淡暈染，筆鋒的灑脫犀利都可以表現出精神上的自由揮灑和情緒上的變化。而電腦繪圖軟體由於受程序管理的控制，在型態的表現上常常會出現嚴謹的邏輯性，雖然許多先進的繪圖軟體也含有強大的繪圖功能（例如Painter、Photoshop等），但是在以數據管理為根本運行機制的電子世界裡，其形成的漸變效果、噴塗效果、扭曲效果終歸不似手繪般靈巧和明快。不過，電腦的變化均勻、極為細膩的效果，以及強大的奇幻背景的製造能力則是手繪所無法達到的。

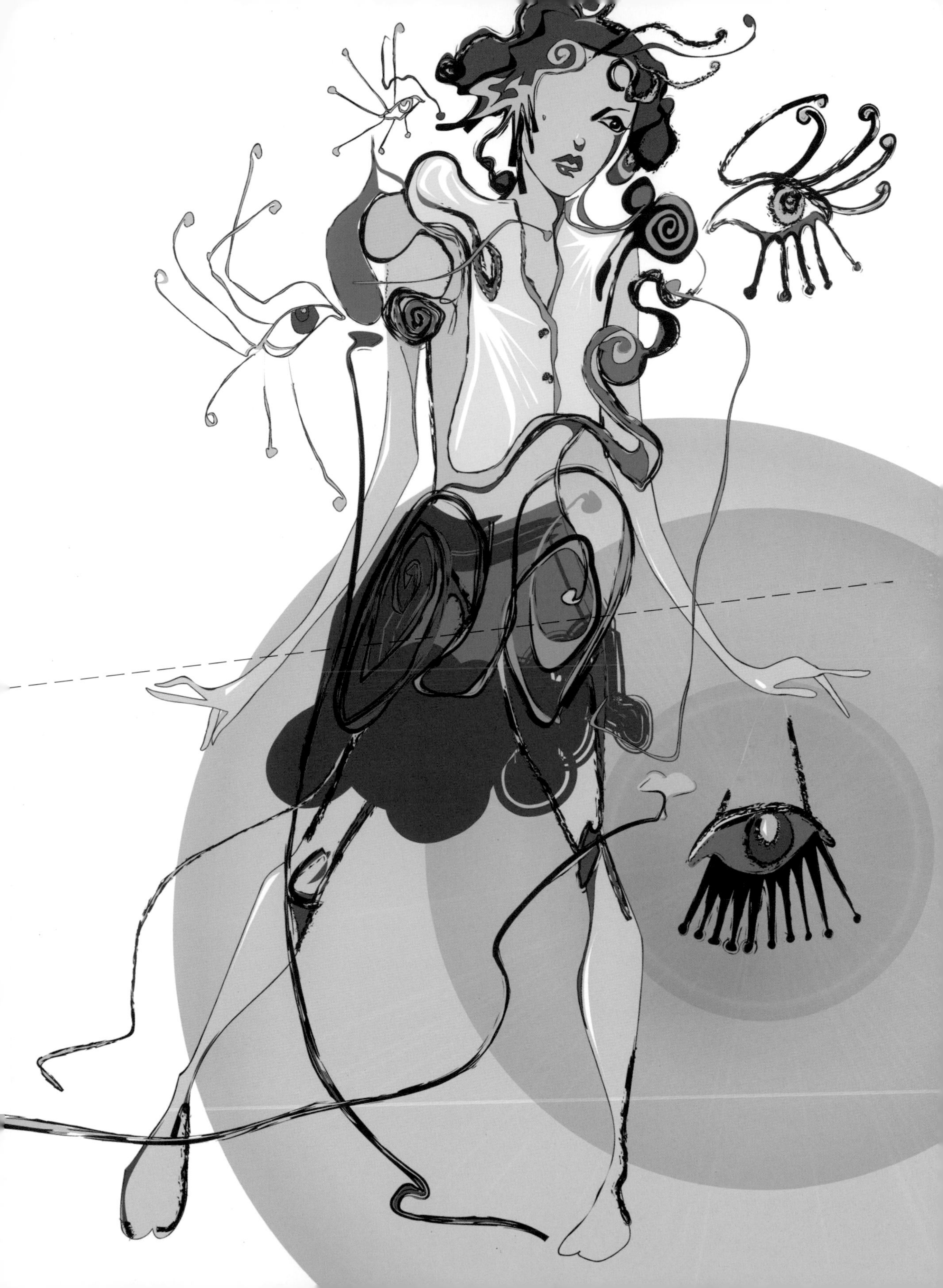

此畫由水粉材料繪製而成，多變的筆鋒運用使得線條的粗細和頓挫具有極強的節奏感，由此可反映出畫圖者手腕的運用以及筆尖在畫面上迅速遊走的情形。

手繪作品往往來自於繪畫者的直接經驗判斷，因此「人」的精神、情緒和體力狀態都會在畫面上產生細微的差別。而電腦作圖則是一種邏輯演算的結果，其所呈現的美感自然與之有著很大的差別，但同時，它也為世界打開了另一扇創作的大門。因為電腦所提供的色彩和空間排列充滿無限可能性，在捕捉瞬間動態圖像的能力也改變了過去人們腦海中的繪畫習慣，促使創作者產生新的思想觀念和新的工作方式。

對於許多還未嫻熟掌握各種作畫工具特性的學畫者來說，電腦繪畫軟體的「還原」功能可以避免由於錯誤落筆而導緻精心繪製的底稿遭受「無妄之災」的危險。然而，繪圖軟體卻無法根據畫面自動產生正確且漂亮的色彩與筆觸。因此，即使有電腦軟體作為輔助，學畫者也要注重基本技法的訓練，了解軟體所提供的各種繪畫材料在真實、自然狀態下的性能和功用，而且要避免過度依賴數位產品所帶來的便利功能，因為一次又一次的「還原」操作，就代表無法更深入去創作。

這兩幅同為捕捉模特兒瞬間動態的服裝畫，不同之處在於左圖由電腦繪製，右圖是手繪完成的。對於手繪圖而言，如果繪畫者不是連貫性動作，其畫面質量通常都會受到影響；而電腦可以長時間儲存圖像，因此創作者可以暫時中斷工作，並在取得更多的素材或更換新的理念之後，重新回到原來的畫面繼續創作。因此與傳統的繪畫過程相比，電腦繪圖可以激發出服裝畫家更多的創造欲望，在創作過程中的偶發性也強烈的滿足了服裝體系「求新」、「求變」的需求。

目前，絕大多數的服裝畫家所採用的方法是將手繪與電腦繪圖結合起來，亦即用手勾勒出線條輪廓，再用電腦著色以及後期的特效處理。在本書當中，作者的許多作品也都是依據這個方法完成的。這樣做的好處是，既避免了現有電腦軟體在自由塑造人物形象中的局限性，又可以藉由電腦強大的特效功能製造更多風格化的畫面。

無論是採取手繪的方法，還是用電腦創作的手段，紮實的美術底子和對於專業的服裝設計了解都是不可或缺的，因為兩者所面臨的造型、用色、風格等問題都是一樣的。從某種意義上而言，現代的畫家面對的挑戰比以前更嚴峻，因為有著更多的顏色、形狀、裝飾效果等待他們去分析、去選擇，因此事情不是變得更簡易，而是變得更復雜、更難以預期了。

後記

書稿付梓，有一種脱殼的快感！一年多來，我的生活就是對作品的反覆甄選，對內容、畫稿及版式設計的不斷修改，説來挺累人的，但也常伴著喜悦，寫書於我又何嘗不是另一種創作經歷呢？

從某種意義上來説，在北京服裝學院及中央美術學院的每一個教學過程無疑是對設計及生活的再次品味，能夠將其中的點滴在書中加以整理歸納，的確是我心中的一件快事！在此感謝在書中提供畫稿的同學們,是你們的慷慨參與使得本書的內容更為立體和豐富。

特別感謝劉元風老師在百忙當中欣然為本書作序，和劉老師的交流使我獲得新的專業視角和心得，從而獲益匪淺！

本書的內容是本人在一個階段內的認識與看法，因此定有不盡人意之處，希望能夠得到您的批評指正！我將衷心感謝！

鄒游

COPYRIGHT

本書由中國青年出版社授權台灣北星圖書事業股份有限公司出

國家圖書館出版品預行編目資料
時尚服裝設計：服裝畫與服裝效果圖／鄒游著 ——初版.
台北縣永和市：北星圖書，
2009.10
面； 公分
ISBN 978-986-6399-04-6（平裝）
1. 服裝設計
423.2 98012521

時尚服裝設計--服裝畫與服裝效果圖

發　　行　北星圖書事業股份有限公司
發 行 人　陳偉祥
發 行 所　台北縣永和市中正路458號B1
電　　話　886-2-29229000
傳　　真　886-2-29229041
網　　址　www.nsbooks.com.tw
E-mail　nsbook@nsbooks.com.tw
郵政劃撥　50042987
戶　　名　北星文化事業有限公司
版　　次　2009年10月初版
印　　次　2009年10月初版
書　　號　ISBN 978-986-6399-04-6
定　　價　新台幣350元　（缺頁或破損的書，請寄回更換）